佐藤勝彦 監修

最新宇宙論物語

宇宙に恋する10のレッスン

小阪 淳
片桐 暁 著

東京書籍

最新宇宙論物語

宇宙に恋する10のレッスン

佐藤勝彦 監修

小阪 淳
片桐 暁 著

東京書籍

もくじ

Introduction　科学が恋する宇宙――人類が宇宙に描いた一番新しい物語

この本を手にとってご覧になっている皆さんは、空気の澄みわたった高い山の上から星空を仰ぎ見たことはあるだろうか？　私は大学時代、登山が好きで毎年夏には欠かさず北アルプス、南アルプスに登ったものである。夜も更けたころ、適当な平らな岩の上に仰向けに横たわり全天に広がる星空をながめると、漆黒の空にものすごい数の星がまたたきもせず威風堂々と輝いている。あたかも宇宙の中を漂っているような錯覚をおぼえ、自分の体が宇宙にとけ込んでいくような恐怖を感じたものである。古代の私たちの祖先もこの神々しい夜空を仰ぎ見、神の存在を感じたのではないだろうか？

宇宙は人類にとって永遠のロマンと知的好奇心の対象である。星空の彼方へどんどん進んで行ったとき、どんな世界が広がっているのだろうか？　宇宙の果てにたどりつくのだろうか、それとも限りなく宇宙は続いているのだろうか？　また、宇宙には始まりがあったのだろうか、あったとすれば始まりの前はどうなっているのだろうか？　もし始まりがあるなら宇宙には終わりがあるのだろうか、それとも永遠に続くのだろうか？　さらに、この宇宙には私たちの地球と同じように生命の存在する星が存在するのだろうか、存在するとするなら私たち人類と同じように知的生命体も存在するのだろうか？　ところで、19世紀フランスの画家・ゴーギャンの晩年の作品に、「我らいずこより来たるや、我ら何者なるや？　我らいずこへ行くや？」という絵がある。人類が、世界やその起源について問いかけてきたのは、結局、自分が何者であるかを知りたいからなのである。宇宙に対する思いは人類の歴史の始まるころからのものであり、いわば人類は宇宙に恋し続けてきたのである。

この100年の爆発的な物理学の進歩と天文学的な観測の進歩によって、これらの問いかけに対して、私たちは、今「ビッグバン宇宙モデル」という一つの科学的な答えを持っている。——宇宙は〝無〟から生まれた。生まれたての小さな宇宙はインフレーションという急激な膨張により大きくなり、この急激な膨張が終わったとき莫大なエネルギーが解放され火の玉宇宙となった。またインフレーションの時期に仕込まれたわずかな物質エネルギーのむらが、宇宙が緩やかに膨張する中で成長し銀河団、銀河、そして星々が形成された。このようにして私たち人類の存在する豊かな構造を持った今日の宇宙が形成された——。これが今日、アインシュタインの相対性理論や素粒子の理論など最先端の物理学を駆使して描き出された、宇宙の誕生から現在に至る進化のパラダイムである。

ビッグバン宇宙モデルが「科学」であるためには、理論的な予言が観測と一致し、観測から証拠づけられなければならない。100億年より昔の宇宙が誕生したころなど、観測できるはずがないのではないかと、考える方も多いかも知れない。しかし宇宙の観測の素晴らしいことは、原理的には宇宙の開闢《かいびゃく》の瞬間でも見ることができることである。その理由は簡単である。宇宙は光（電磁波）で観測するが、光といえども宇宙を伝わる時には時間がかかる。したがって遠くを見ることは昔を見ることであり、昔の宇宙を観測したいときは遠くの天体を観測すればよいのである。近年、人工衛星からの観測結果やコンピュータや光電素子の技術の飛躍的進歩により、宇宙の年齢は１３７億年とほぼきまった。さらに宇宙が始まって38万年しか経っていないころ、つまり今から１３６億９９６２万年前の姿まで観測できるようになったのである。このような観測からビッグバンモデルは観測から裏づけられ揺るぎないものになっているといえよう。

しかし、観測が進むにつれ従来の理論を裏づけるだけではなく、新たな謎も生まれてくる。今新たに見つかった大きな謎は、この宇宙は「ダークマター」とか「ダークエネルギー」と呼ばれている正体不明の物質やエネルギーで満たされていることである。謎を解くことで科学は進歩する。これらの謎を解くことで21世紀の新たな宇宙の姿が描き出されてくるに違いないのである。

この本は大学で文科系の学科で学ぶコウイチ君と、天文学の研究をしているポスドク（博士研究員）のキョウコさんの恋物語と、キョウコさんによる宇宙の講義の二本立てで構成されている。今、世界の天文学界、とりわけ日本ではキョウコさんのような若手研究者の活躍がめざましい。大学院を終え安定的な大学の准教授や研究機関の上級研究員の職を得るまで、任期の定められたポスドクとして何年か働く。不安定な身分ではあるが若さとチャレンジ精神に満ちたこのころは科学者の人生でもっとも充実した年代で、キョウコさんと同じように宇宙への恋と彼女／彼氏との恋で忙しい年代でもある。日本の天文学はこの世代によって支えられているといってもよい。

この本の著者の一人、小阪淳さんは宇宙の進化を一枚の図にまとめた「一家に一枚　宇宙図２００７」（監修・文部科学省）のアートディレクションを務められた。その経験を生かし、この本も正確でわかりやすい内容となっている。もう一人の著者は同じく「宇宙図」のコピーディレクションを担当した片桐暁さんである。片桐さんによる、コウイチ君とキョウコさんの恋物語も生き生きとして軽快で楽しい。この本は二人の恋物語に導かれながら宇宙の観測や宇宙の誕生から現在に至る進化を学ぶことのできる類を見ない宇宙の本といえよう。

２０１０年６月

佐藤勝彦

lesson.1

星空

「宇宙!? アタマ大丈夫？」

「それはこっちのセリフでしょ？」

夜空を眺めれば、そこには無数の星々が輝いています。

その景色を見あげ続けながら、人類はさまざまに想像をふくらませ、宇宙を説明するための神話を創りだし、あるいは科学の眼を使って、飽くなき探求を繰り返してきました。宇宙はどのように始まったのか。

宇宙に果てはあるのか。宇宙は最後にどうなるのか。

これらはいつ変わらず、わたしたちがいだく疑問であり続けています。

天文学的確率

その出会いは衝撃的だった。いや、物理的な意味で。ドラマチックだったか？　人によって意見が別れるだろうな。じゃあ、記憶に残る出会いだった？　うまくいけば、二人のなれそめ。いかなければ笑いのネタとして、強烈なインパクトがあったことだけは間違いない。

そもそもは、ぼくがチアキなんかに入れあげてたのが発端だった。その日は数回目のデートで、値段はそこそこ、雰囲気だけは良い、代官山の裏手のレストラン（彼女はその店の空気を一変させてしまうほどにかわいかった）、それから静かなバーへと立ち寄った（彼女の頭脳のキレの前に、ぼくは翻弄されっぱなし。それでますます彼女に参ってしまった）。

そんなわけで終電間際、セリフとタイミングを慎重に選んで、ぼくはチアキにとびきり素敵な提案をしてみた。彼女はさらりと終電を選んだ、当然でしょ、とでも言わんばかりに。「今日はありがとう。楽しかった」……だってさ。

取り残されたぼくはちょっとだけ飲み過ぎて、彼女の香りの余韻にひたる自己憐憫にも嫌気がさしたので、会計を済ませて店を出た。

さあ、春が来るぞ！って感じの、気持ちの良い夜だった（まあ、ぼくには来なかったわけだが）。家までの道をでたらめに歩きながら、自分の失点とおぼしきものを数えあげてみた。結論はこうだ。「おれはなにも悪くない。チアキは非の打ち所のない女のコだ。よって…彼女は高嶺の花だった」。

たかぶったままの心を持てあましながら、出くわした公園に入る。周囲は真っ暗闇だ。緑と土の香りが、酔った頭にハーブのように心地良い。お、滑り台じゃん。ありあまるエネルギーを消化する必要を感じたぼくは、いっちょあいつの斜面をてっぺんまで駆けあがって、思い切り深呼吸しよう、なんて子どもじみた考えを起こした。よーし。ワン、ツー、スリー、ゴー!!

あれ？っというほどあっけなくスニーカーは斜面を駆けあがり、ガシッと突然、なにか柔らかいものに激突した。足元から「キャッ！」と「ギャッ！」を足して2で割ったような悲鳴が聞こえた。

女のコ!?

なんで!?

こんなとこで？

と思う間もなく、身体がまっさかさまになっていった。時間がスローモーションのように引き延ばされ、ぼくは落下する意識の中で〝遅刻しそうな通学途中にダッシュで四つ角を曲がったらトーストをくわえた美少女の転校生と衝突する〟っていう、「昔の学園マンガにありがちな、しかし絶対にありえない出会いシチュエーション」を連想していた。なんかこういうの、ピッタシの言い回しがあったよな……そうだ、〝天文学的確率〟だ。

暗順応

激痛とともに意識を取り戻すと、目の前に女のコの顔があった。

「大丈夫ですか⁉」

「……ダビジョウブ」

なんだ？　コレは。鼻に手をやると、ティッシュが詰め込まれてる。

「あの、血が出てたから」と彼女。

ぼくは大の字に仰向けになって、全身打撲とひどい酔いにうなされながら、身動きもできず、鼻の穴にティッシュを詰め込まれ、情けない顔をさらして見知らぬ女のコを見あげてる。

これなんてプレイ？

ティッシュを引き抜いて必死に起きあがりながら、「なにしてたの？　あィテテ」

彼女はぼくを寝かしつつ「横になってた方が……」

「いや、でも」

「だって、落ちたんですよ？　滑り台から」

「だからなんでそんなとこに……」

また彼女がぼくを地面に押し倒そうとする（これがけっこう力強いのだ）。「イテティテ。大丈夫ですから。いやもう。ホント」

「うわ、お酒くさっ!!……打ち所とか、悪くなかったですか？　頭打ったとか？」打ち所もなにも、身体中が……。まあ、言われてみれば起きあがる理由もないので、ぼくはばったりと地面に倒れた。

そこで初めて、彼女をちょっと観察してみる気になった。薄手のパーカに、よくあるアーミー調のパンツ。編みあげのブーツ。ヘアピンでまとめた髪は、おそらく黒髪。顔はちょっとよく見えない。年齢。20代前半。ちょい年上、くらいかな？

「……ていうか、ごめんなさい。そっち、大丈夫ですか？」意識がクリアになると、急に彼女のことが心配になってきた。

「すっごい痛かった」

「おれ、どこ踏んじゃったんでしょう?」

「そんなこと答えないといけない?」

「いや……」


沈黙。


「あの、ひとつだけいいですか?」

「なんです?」

「ほんとに、なにしてたの?」

ふう、とため息をつくと、彼女はぼくの隣にぱたんと倒れた。

「暗順応」ボソッとつぶやく。

「アンジュンノウ?」

「宇宙を見るんです」

「宇宙？」なに言ってんだこのコは。「頭大丈夫？」やべ、本音言っちまった。

「あのね、それはこっちのセリフでしょ⁉……ま、酔っぱらいになに言ってもしょうがないか」

隣を見ると、彼女は両手の指をそろえてまっすぐに伸ばし、顔の両脇のこめかみから頬にかけて、ぴたりとついたてのようにくっつけている。見えない双眼鏡を支えてるような格好。おかげで、あいかわらず顔が見えない。

ぼくは真似をしてみながら「……で、こうすると、なんなの？」

「しっ。待ってて。最低5分くらい。ほんとは30分以上がいいんだけど」

沈黙（おそらく5分以上は経過）。

「……で？」

「どう？」

「どうって？」

「見えてこない？」

「ああっ⁉」

確かに彼女は「宇宙を見るの」と言った。確かに僕は、両の手の平のあいだに宇宙を見ていた。こんな都会のど真ん中で。

宇宙の3大疑問

「手を離しちゃだめ。これ、暗順応っていうの。都会でも星空を見ることができる。この公園、ビル街の明かりなんかも入らないから、ベストスポットなのよ」

「もし手を離すと？」

「一巻の終わり。周りの光があなたの目を驚かせて、宇宙はあなたから逃げていく」

「きみって、なんだか変わってる」

「……だから言いたくなかったのよ」

「いや、悪い意味じゃなくってさ」手を離すな、だなんて。顔が見えない直接対話ってのは、ありそうでない、奇妙な体験だった。面白そうじゃん。しばらく彼女の言う通りにしてみよう。またたく星空だけを見つめながら、隣の見知らぬ（というか顔も知らぬ）女のコと会話する。話題はもちろん、彼女の好きなことがいい。耳と声と、想像力だけが頼りのコミュニケーション。聴覚は鋭敏になり、草木のささやきに混じって、遠くからかすかなサイレンの音が聞こえてくる。

「ねえ、宇宙に詳しいんだよね？　宇宙の果てってどうなってるのか知ってる？　なんかいろんな説があるみたいで、おれみたいな素人にはわけわかんなくって」

「知ってる、といえば知ってるけど。現在の科学の限界の範囲でね」

彼女の声には芯があった。それでいて、震える鈴のように耳に心地良く響くのだ。

「じゃあ、宇宙の始まりについては？」

「同じレベルで」

「宇宙は最後、どうなっちゃうの？」

「それにも、理論的予測はある」

「すごいな、なんでも知ってるんだ。一体きみって……」

「これで質問は4つ目」

おっと、いきすぎた。でも、彼女もぼくも、どうやら身体の方は大丈夫そうだ。ぼくはこの奇妙な出会いに、ぐいぐいと引き込まれつつあった。今の会話に引っかけて言うならば、

まあその……〝星のめぐりあわせ〟⁉

「それじゃあさ、宇宙の始まりから聞かせてもらう、ってのはどうかな？」

「そうね……ビッグバンは、知ってるよね」

「なんとなくだけど」

「じゃあ、インフレーションは？」

「……通貨価値が暴落してうまい棒が1本1000円になったりする、とか？」

「ハァ……そんなものだよね、普通は」

「ハイ。そんなものです。普通なもので」

彼女はこの会話に、ちょっと乗り気になってきたようだ。でも、インフレと宇宙ってなんか関係あるの？　単なる経済学部の学生にはまったくわからない。っていうか、うるさいな、このサイレン。だんだん近づいてくるぞ。

「宇宙の始まり、宇宙の果て、宇宙の終わり。これらは、相互に深く関係しあっているの。だからこの3つについて理解を深めれば、宇宙の全体像がイメージできてくる。今、宇宙論はホットな分野でね、きっと素人でもすごく面白く……」

耐えられないほどにサイレンの音が大きくなってきた。二日酔い（いや、「その日酔い」

か?)の身にもなってみやがれ! 彼女の声も聞こえねえじゃん。と心の中で毒づいてたら、ようやく静かになってくれた。バタバタとドアの開閉音がして、駆け足が近づいてくる。

「あ、ここです」と彼女。

ぐぐっと腕をつかまれる。

エエッ⁉ おれ?

「ちょっ……待っ……イタタタ」

「119番しといたの。だって落っこちて気絶だよ?」

「失礼ですが、あなたは彼の……?」と救急車のオッサン。

「いえ、偶然通りかかっただけです。泥酔してたみたいで。名前も知らなくって」って、他人のふりかよ! いや確かに他人だけど、微妙にウソ入ってない?

「そうですか。では、ここはわたしたちが」

担架にむりやり乗せられかけたぼくは、そこで初めて、彼女の顔をはっきりと見た。

うわ。

めちゃくちゃ好みだ。

ちょいエキゾチックな、キリリとした顔立ちに、知的なオーラ。ナチュラルメイク（いや、スッピンか？）なのも好感度高い。それに、意志の強さと、内面の儚さとを同時に感じさせるような、不思議な瞳。時間がないぞコウイチ⁉ 担架が持ちあげられる。連絡先を聞く余裕はない。上半身を乗り出してぼくは声を絞り出す。

「さっきの質問の答え、まだ聞いてないんですけど‼」

「お大事に。また来週、ここに来るかも」

そう聞こえたような気がした瞬間、ドアがバン！と閉まった。けたたましいサイレンを再開させ、ぼくを乗せた救急車は走り出す。

頭の中がグルングルンまわってる。なにかがおかしい。どこで間違ったんだろう。たしか今ごろは、チアキとよろしくやっているはずだったのに。

講義1 ガイダンス

満天の星空を見あげたら、思わず心が洗われるような気分になりませんか。宇宙の果てしなさに想いをはせて、ドキドキしたり、胸がいっぱいになったり、思わず怖くなってしまったことはないでしょうか。星の光の下で、好きな人と手をつないでロマンチックな気分に浸ったことは? あるいは、ただ一人で星々を眺めながら、深く物思いにふけったり、自分は何者で、どこから来て、どこへ行くのだろう、そんなことをぼんやり考えたことはないでしょうか。

そんなあなたは、きっと宇宙が好きな人なのでしょう。昼間の太陽が沈み、夜のとばりが下りると、わたしたちにもっとも近い天体である月や、さまざまな星々が輝き出します。宇宙は、毎晩確実にわたしたちの頭上にその片鱗を見せる、ごく身近な神秘です。同時にそれは、想像しうる限りもっとも大きく、驚くほどに深遠で、果てしない広がりを見せる、無尽蔵な謎を秘めた存在でもあります。その美しさはわたしたちを惹きつけ、その広大さはわたしたちの心を揺り動かし、その不思議さはわたしたちを「知りたい気持ち」で満たします。

人間は、知りたがる生き物です。人間はその歴史の中で、「科学」という、世界を知るための道具を手に入れました。この大地は、実は太陽を巡る地球という惑星の一つで、その太陽も、銀河と呼ばれる無数の太陽の中のごく平凡な一つである。これは「天文学」と呼ばれる分野の科学が明らかにした、宇宙の姿の一部です。では、その銀河の向こうの宇宙はどうなっているのでしょう? そして、そのさらに彼方は? この宇宙は、いつ生まれ、この先どうなっていくのか。こうした秘密

を、科学は教えてくれるのでしょうか。

わたしたちは現在、科学によって、宇宙をどのように捉えているのでしょうか。わたしたちの住む宇宙が、ビッグバンとよばれる状態を経て広がっていったことはよく知られています。そして、この宇宙空間が今も膨張し続けていることも。それは、「宇宙論」という天文学の一分野によって明かされてきた宇宙の歴史の一つです。わたしたちの時間のスケールで見れば不動に見える宇宙も、大きなスケールで見れば、ダイナミックに動いているのです。では、この宇宙は生まれてからどのように膨張してきたのか。わたしたち人間は、それをどのように見つめているのか。それをグラフ化したものが上の図です。講義ではこの図を「宇宙図」と呼ぶことにします。いまお手元にある冊子のカバー裏面にも詳しい図（図解　宇宙の歴史――時間と空間の変還）を掲載していますのでご参照ください。

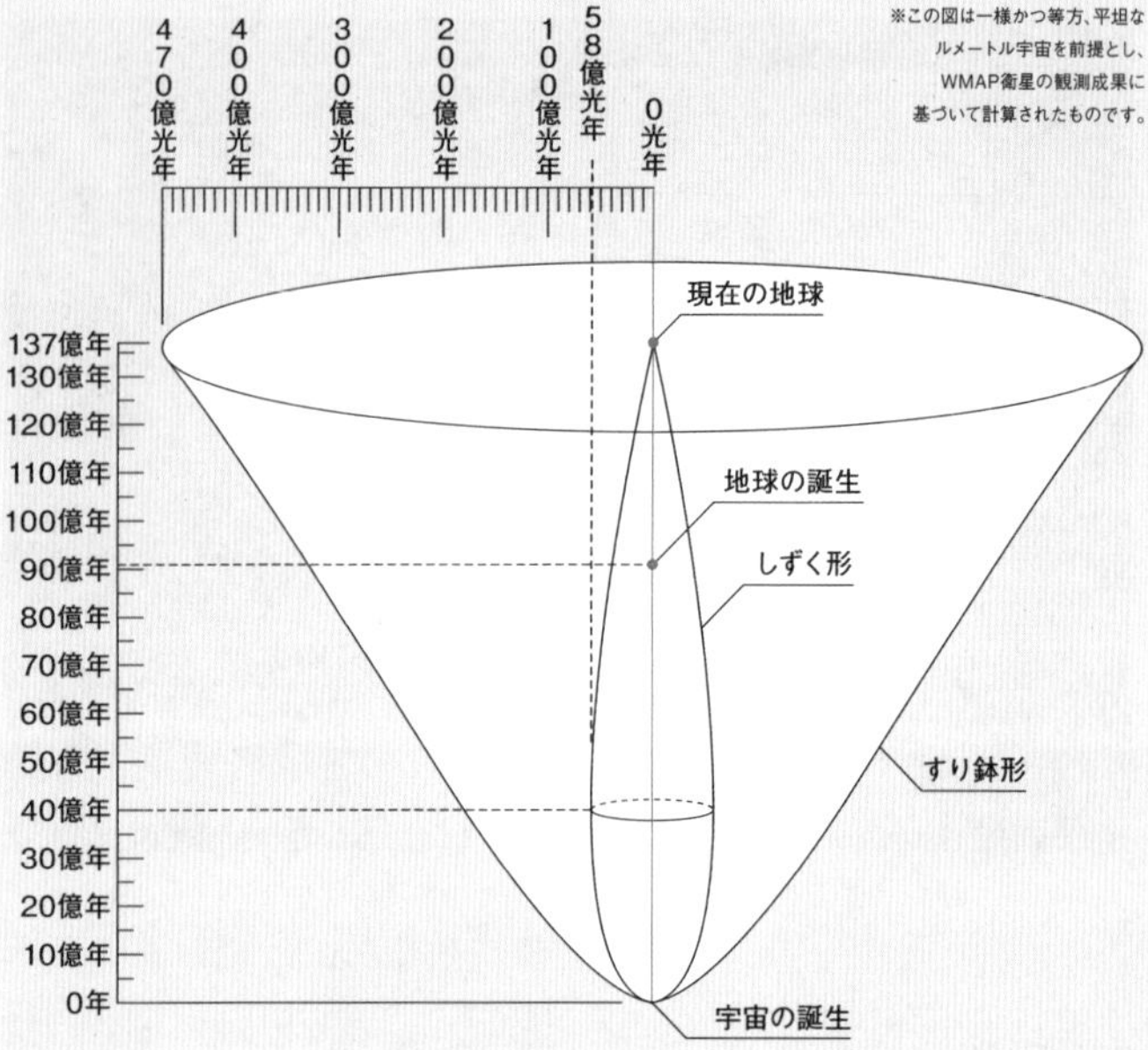

※この図は一様かつ等方、平坦なルメートル宇宙を前提とし、WMAP衛星の観測成果に基づいて計算されたものです。

まず最初に、この宇宙図の特徴をざっとリストアップしてみましょう。以下に書く事柄は、今すぐにはおわかりにならないかもしれませんが、講義の中でゆっくりと説明していきます。

宇宙図の中央にある縦軸は時間軸で、上方向に時間が進んでいきます。時間軸の一番下は、宇宙が生まれた時点を示しています。宇宙の現在の年齢は１３７億歳ですから、この軸は１３７億年を表す長さとなっています。

時間軸のある位置、つまり宇宙図の中心軸は地球がある位置を示します。地球が生まれたのは今から46億

年前ですから、それも図に入れました。それ以前にも軸がありますが、これは「地球が生まれる位置」と考えてください。そのため講義では、「地球」あるいは「中心軸」と呼びます。

一番上の円盤の盤面は、わたしたちが観測によってかかわることのできる宇宙の大きさを表します。

この円盤の大きさは、地球を中心に半径470億光年となります。ただし、宇宙の中心が地球なのではありません。この図は、まず地球を中心に据えて、そこに住む人間が観測でかかわることのできる範囲を表現したものなのです。

すりばち形のもの（以下すりばち形と称します）は宇宙の膨張の様子を表しています。この形から、時間が経つほど宇宙が大きくなっていることが読み取れます。

中央にあるしずく形のもの（以下しずく形と称します）はわたしたちが今見ることのできる宇宙の場所と時間を表しています。23ページの図に見える、すりばちの中の多くの白い線は、宇宙の膨張に伴って広がる天体を表します。

本講義では、この「宇宙図」を手がかりにして、宇宙のありさま、そして科学のありようについて考えていきます。講義は全10回からなっていて、大きく3つのパートに分かれています。

パート1　宇宙図の読み方
講義2　観測される世界とは
講義3　しずく形とすりばち形
講義4　観測できる宇宙の大きさ

パート2　科学によって明かされる宇宙の姿
講義5　宇宙の始まり
講義6　観測できる宇宙の外
講義7　空間とはなにか

パート3　人間と宇宙のつながり
講義8　人間が生まれるまでの歴史
講義9　科学と人間
講義10　宇宙が存在する原因

パート1では、宇宙図の読み方を詳しく説明します。わたしたちが普段見あげている美しい夜空に、いったいどのような秘密が隠されているのか。それを明らかにするのがこのパートです。宇宙図を読み解くにはいくつかのルールを知る必要があるため、簡単な例から始めて、徐々にその本質に近づいていきます。説明ではグラフ等を多用しますが、もしこれらを完全に理解せずとも、その後の講義に支障はありません。グラフや文章を手がかりに、常識的な感覚を超えた、宇宙の不可思議さの一端に触れてみてください。

パート2では、宇宙図では描かれていない宇宙の様子を取りあげます。宇宙の始まりや、宇宙図に示される宇宙のさらに外、そして、わたしたちが普段当たり前のものだと思っていながら、真剣に考え始めるとたんに難しくなる概念である「空間」や「時間」というものが、科学の世界ではどのように解釈されているのかをご紹介しましょう。これらが、宇宙をより深く理解するための大きなベースとなるのです。

パート3では、人間と宇宙とのつながりについて考えていきたいと思います。科学は宇宙のさまざまな謎を明らかにしてきましたが、そもそも、科学をなす人間とは、宇宙からどのように生まれてきたのか。そして宇宙を見るすべとしての科学とは、どのようなものなのか。さらに、科学では手の届かないこととはなんなのかについて、考察を深めていきたいと思います。

この講義では、小学生レベルのグラフの読み方から始め、相対性理論や超ひも理論といった現代科学の最先端にまで進んでいきます。講義はなるべくやさしく進めようと思いますが、難解さを避けるのが難しい部分も出てくるかもしれません。

しかしそれは、宇宙そのものが、不可思議で常識を超えた存在だからなのです。ですから、講義のすべてを理解する必要はありません。さまざまな考え方やグラフ、図解に触れ、皆さんそれぞれが、宇宙に対する想いを深めていただきたい。講義の終わるころには、皆さんが今以上に宇宙に詳しくなるのみならず、今よりももっと、宇宙のことが好きになっていてほしい。そんな思いで、全10回の講義を進めていきたいと考えています。

lesson.2

光

「怒った顔もかわいいね」

「ほんとのわたしも見えてないのに？」

わたしたちにとって、光のない世界はなかなか想像できません。

光があればこそ、ものを見ることができ、色を感じられるのですから。

しかし、その光についてもっと深く考えていくと、〝ものを見る〟ということのとても不思議な性質に行きあたります。光の速度は有限です。

ですから厳密な意味では、すべての景色は〝過去〟なのです。

そして宇宙スケールでものを見る時、それはとても大きな意味を持ってきます。

3大疑問、再び

春の星空は、明るい星が少ない。少し淋しい感じがして、わたしはそれが好きだ。最初に北斗七星を見つける。徐々に目を慣らして、アルクトゥルスとスピカを結び、春の大曲線を描いて、大三角形、それから春のダイヤモンドへ。そのうち、次第に宇宙の奥行きが浮かびあがって、ぺったりとした地上の現実とは違う世界が見えてくる。

それにしても、先週は驚いたな。あのコは今日、来るんだろうか。そんな風に地上の煩悩から離脱できないまま星空を眺めていると、どれくらい経ったころだろう、案の定、それらしい足音が聞こえてきた。おいおいおい、また走ってくる気？

思わず身体を硬くしていると、彼は滑り台の、今度は階段の方から駆けあがってきて、わたしの顔の真上にニュッと顔を突き出した。

「うわ！ やめなって。また飲んでるの？」

「ハーイ、また会えた。……とりあえず、こないだの質問の答え、聞かせて欲しいな」

「後遺症は、なかったみたいね」彼はなにもかも唐突だ。唐突で、オーバーアクションで、欲望に忠実。

「で?おれ、なんて質問したんだっけ?」

「なんでわたしが答えるのよ。あなたが聞いたのは、

1…宇宙の始まりはどんなだったのか。

2…宇宙の果てはどうなっているのか。

3…宇宙の終わりはどうなるのか。

この3つ」

「なんでそんなによく覚えてんの?」

「これ、素人が宇宙に抱く3大疑問だからね。わたし調べだけど。それにね……」と彼の顔を直視する。「あんなとんでもない事故を忘れられるかしら。まだ身体が痛いんだけれど」

彼はハッとして、わたしの頭の真上で平謝りを始める。今度は頭突きでもされかねない勢いだ。

「あのね、そんな上から目線で謝られても」一拍置いて言葉の意味を理解した彼は、なかばホッとした表情で笑みを見せながら、また謝る。「ほんとゴメン。病院とか、行ったの?」

「たいしたことないわ。ほんの打ち身よ」

「良かった……。あのさ、そしたらお詫びの印に、この素人に、宇宙の3大疑問を片っぱしから解いてみせてくれないでしょうか」

思わず吹き出してしまう。なにを言ってるんだこのコは。どこまでが冗談で、どこからが本気で、どこまで計算で、どこから天然なんだろう。

「だめよ」

「なんで？」

「そんな簡単に答えられる問題じゃないもの」

「無理ってこと？」

「そうは言ってない。でもひとことでは答えられないな。準備が必要だし」

「準備？　心の準備？　例えば、キスする前、みたいな？」

また苦笑がこぼれる。なんだ、この溢れんばかりの下心は。これが自分の学生あたりなら猛烈に激怒しているところだ。今どき、こんな男のコもちょっと珍しいんじゃないだろうか？

「……頭の準備、よ」

見える景色は、昔の景色

成り行きで――まあ、ちょっとした興味も手伝って――わたしは今、彼と並んでベンチに腰掛けている。どうあっても、彼は宇宙の3大疑問について聞き出すつもりらしい。それがなんの口実であるにせよ。

「まず、3つの疑問すべてに答えるためにはね……」とわたしは始める。地球上でなにかを見ることと、遠い宇宙の対象を観測すること。これらは同じ〝見る〟という行為だけれど、宇宙スケールでは、対象との距離いかんによって、いわゆる〝見る〟という言葉の常識が通じなくなるような新たな相貌を呈してくる。そこから始めないといけない。「光。光を知ることがとても重要なの。普段の生活では特に意識していないけれど、宇宙規模でものを考える時には、光がすべてのルールになる、といっても大げさじゃないくらい。だから、本当にこの先が聞きたいんだったら、わたしはあなたに光のレクチャーをしてあげないといけない」

「もちろん、聞きたいよ」と、予想通りの答えが返ってくる。それなら、宇宙を見る／知るための〝基本のキ〟を、彼に教えてみよう。ついてくるだろうか。それとも――こちらの方がありそうなことだが――単なるポーズ？

「そう。じゃ、始めるよ。まず、あなたがものを見ることができるのはなぜか？」

「ものが反射する光が目の中に入るからでしょ？　それは多分、高校くらいで習ったよ」

「その通り。で、光の速さはどのくらい？」

「知らないな、それは」

「まあ、ざっと秒速30万kmってところかな。で、この世でいちばん速いのは光ってことになっている。でも大事なのは、それでもスピードには限りがある、ってこと。だから……ちょっとなに、やめなってば」

　彼は少しずつ手を伸ばして、わたしの手に触れようとしていた。すかさずピシャッとベンチに叩きつける。

「いってー!!……怒った顔、かわいいね」

「ほんと、恥ずかしげがないよね。シラフでもそうなのか、知りたいよ……あのね、ちょうど言おうとしていたんだけど、あなたに、今の本当のわたしは見えていない」

「ちょっと飲んでるってだけで？　そんなことないよ」

「本筋に戻りなさいよ。いい？　光の速度は、有限である。その光が目に届くことによって、人間はものが見える。つまり、人間が見ているものの姿は、光によって運ばれてくるわけだから、本当は見えているのは今この瞬間の姿じゃなくって、ほんの少しだけ前の姿なわけ。わかる?」

「うん、わかる」ふむ。素直なリアクションだってできるじゃない。わたしはバックパックからペンとメモ帳を取り出して「目が慣れてるから、見えるでしょ?」と、図を描く。

「この○があなたね。こっちがわたし」つーっと2つの○を矢印でつないで、「あなたは今この瞬間のわたしを見てると思ってる。でも実は、この矢印、つまり光の速さの分だけ、昔のわたしを見ている。もっとわかりやすく図にすると、こう」

わたしは1枚の四角い板を描いて、さっきみたいに2つの○をその板の中に書き込むと、そのまま上にも同じ図を4つ描いた。

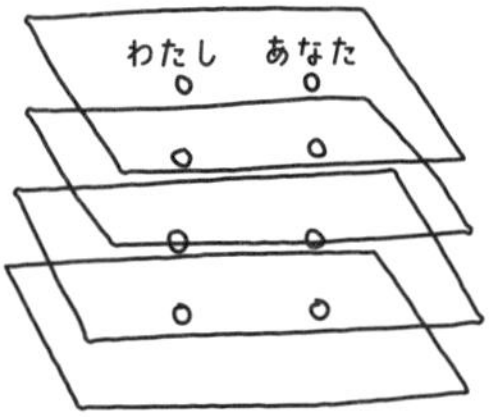

「四角い板はこの公園ね。タテに4枚並べたのは、時間の変化を表すため。下が昔で、上が未来。見ての通り、あなたとわたしの位置関係は変わらない」

「変わらないの？この先も？」……無視だ、無視。

「で、わたしから発した光は、こうやって時間とともに、まっすぐナナメの軌跡を描いて……」わたしは過去と現在のふたつの○を矢印で結ぶ。「あなたのところまで届く。この時に初めて、あなたにはわたしが見える。さて、このナナメの矢印の角度はなにを表すと思う？」

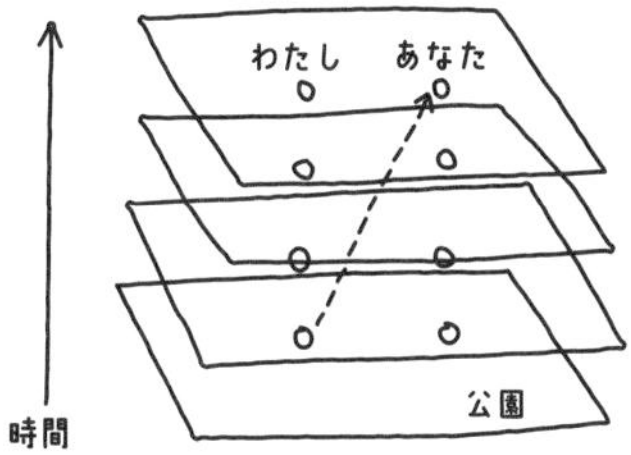

「ん〜……」考えているのか。ただの時間稼ぎか。

「タテ軸が時間だろ?……で、ヨコ軸が距離。時間が進むごとに、距離が伸びていく。ってことは、速さだ。このナナメの線は速さを表してる」

ほほう。「それで?」

「このナナメの線は直線だ。つまり、一定の時間ごとに一定の距離を進むから、速さは変わらずに一定だってこと。今の話題が光だったことを考えれば、これは光の速度、かな?」

「上出来。光の速度は一定で変わらないから、こうして直線でわたしとあなたが結ばれるわけ」

「そいつは嬉しいな」……これも無視、っと。

「念のために注意しておくと、あなたの○の同一平面上にあるわたしの○は、あなたには決して見えない。それだと、〝光よりも速いものがある〟ことになってしまう。このナナメの矢印があなたに届いた時に初めて、あなたはわたしの、例えば表情の変化を、見ることができるの。いい?」

彼はしばらく眉間にシワを寄せて考え込み、「うん。わかった」と神妙にうなずく。

「これは、あなたとわたしの関係だけに適用されるわけじゃない。あなたを取り巻く360度の景色はすべて、光があなたに届けてくれる、ちょっとだけ過去の姿なの。だから、光速度一定を表すこのナナメの矢印は、あなたを中心にグルッとコンパスのように回転して、円錐を描く」わたしは○を新しく描き、それを頂点に円錐を描いた。

「どう？この円錐の表面が、今この瞬間、あなたに見えている全世界を、グラフ的に表現したもの。これを〝光円錐〟って言うんだけれど」

「……ホントにこれ、宇宙の話につながんの？」

「もっとキャッチーな話がお望みなら、書店にいくらでも〝今すぐ分かる〟系の入門書があるけど？」

「ごめんごめん、そういうつもりじゃなくて」と光円錐を見つめ直す彼。「んーとね、ちょっと待って。この光円錐？のてっぺんが、今のおれなわけじゃん？じゃあ、この円錐の内側はなんなの？」

「円錐の内側ってことは、下側、すなわち過去よね。だから、昔のあなたに見えていたもの。その景色はもう見

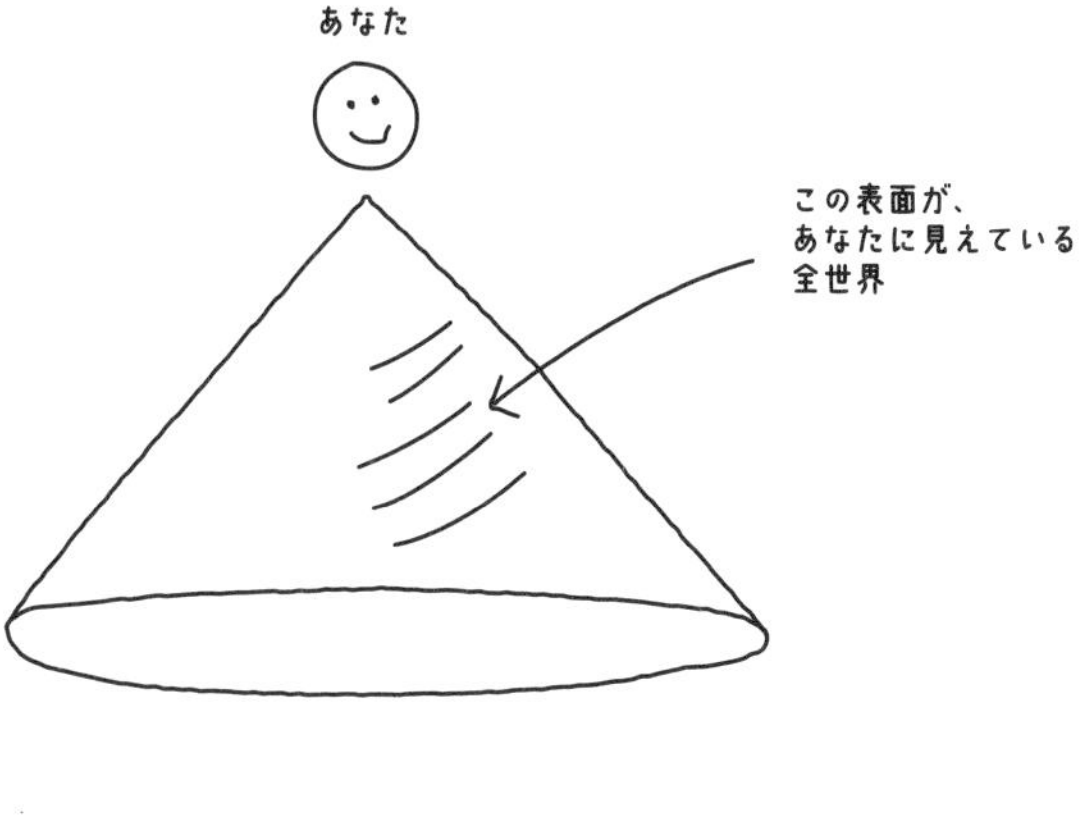

えなくなっている。例えば、真剣な顔のわたしが、一瞬後に笑ったとする。笑ったわたしの顔をあなたが見る時には、もう真剣な顔のわたしは、あなたに見えなくなっているでしょ？円錐の内側はそんな風に、見えたけれどもう過去になった景色を表しているの」

「じゃあ、円錐の外側は？」

「外側の話は、2つに分けられる。まあ、そんなに大事なことじゃないから、わかんなくても気にしないで。

こんな風に『もう起こったけれどまだあなたに見えていないこと』『これから起こる未来のこと』に分けられるの。笑っているわたしが、あなたのふるまいにイラっとして怒るとしよう。でも、まさにその瞬間に、あなたがそれを見ることはない。光の速度の分だけ時間がかかるから。そしてしまいには、プイッと横を向いてしまうとしよう。それは未来の話だから、あなたにはまだ見えていないの。この光円錐は、〝今この瞬間にあなたに見える世界〟をグラフ化して表したものだから、それが下から上、つまり過去から未来へと動いて行くって考えればいいのよ」

「う～ん。うん？　う～ん」文系なのだろう、理系一本槍の学生たちとは、ずいぶん勝手が違う。

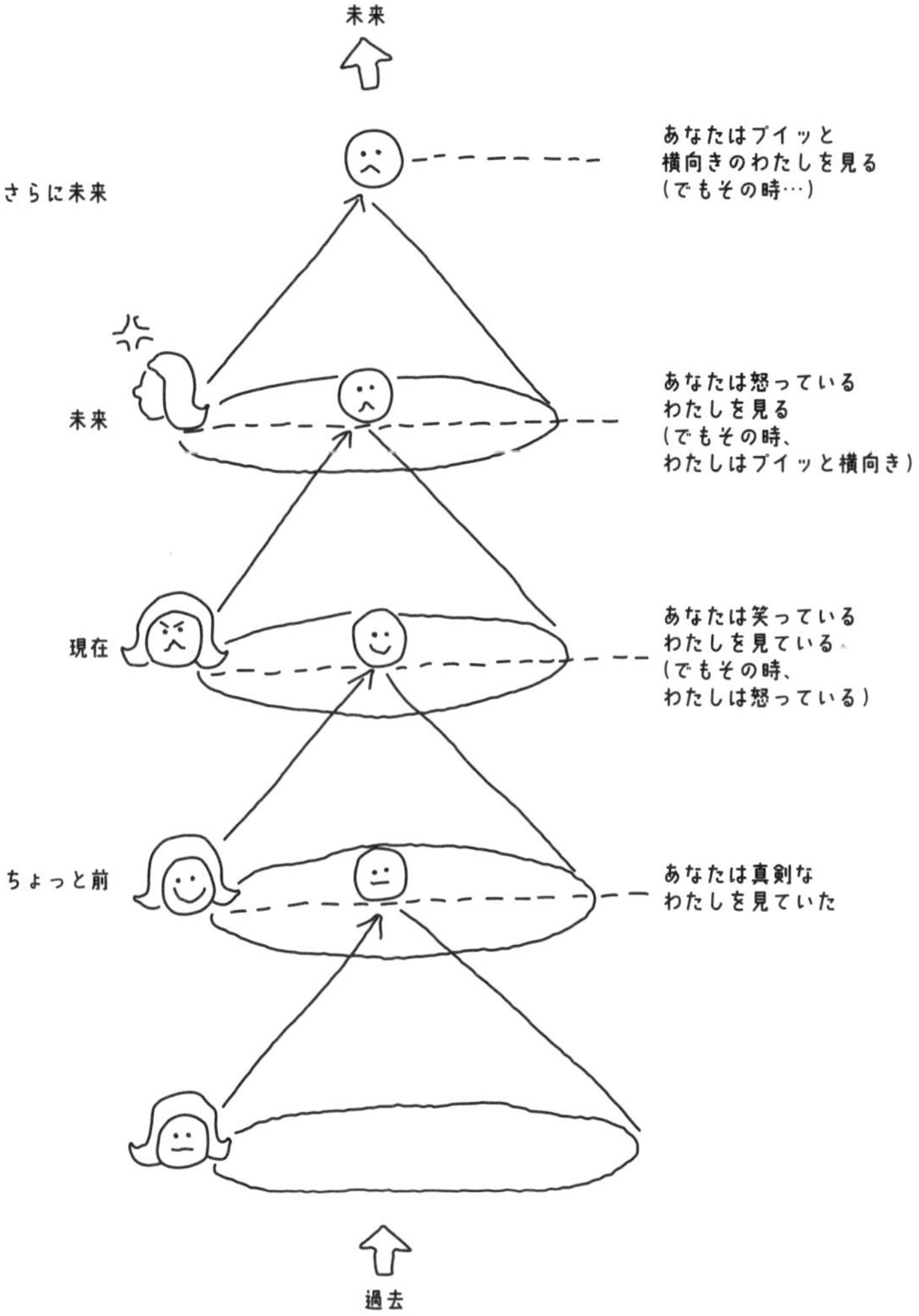
未来
さらに未来
あなたはプイッと
横向きのわたしを見る
(でもその時…)
未来
あなたは怒っている
わたしを見る
(でもその時、
わたしはプイッと横向き)
現在
あなたは笑っている
わたしを見ている
(でもその時、
わたしは怒っている)
ちょっと前
あなたは真剣な
わたしを見ていた
過去

「例えばさ、具体例で言うと、あの滑り台とその向こうのブランコじゃ、ブランコの方が昔の景色ってことになんの？」

「そういうこと。厳密に測定すればね。この図の要点は、

1…あなたが今この瞬間見た気になっている世界は、実は昔の世界だってこと。

2…遠くの方の景色ほど、より昔になっていくんだってこと。

両方とも、この図とニラメッコしてればわかってくるよ。あげようか」わたしはメモを破り取り、彼に手渡す。

「ふう……。宇宙の話は、まだ遥か彼方って感じだね」

「そんなことないよ。宇宙の話は、もう終わっている」

「え？」

光円錐からわかること

いつの間にか、彼は距離を詰めてきていた。熱心に話を聞いているからか。あるいはその振りをしているのか。

「この○を、地球に立ってるあなただと考えてみて。この四角は、公園じゃなくて宇宙の一部分を切り取ったもの。そうすると、今の話はそのまま宇宙に適用できる。というか、光の速さが問題になってくるのは相当に大きなスケールでの話だから、その図はもともと宇宙スケールの大きな大きな話を描いたものなの。ちょっと例をあげようか。あそこに見える北斗七星のひしゃくの先端、北極星。あの瞬きは、430年前のものだって知ってた?」

「へえ!?」彼が素で驚いているのがわかる。

「ちょっと面白いでしょ? それから、例えば、アンドロメダ銀河。条件が良ければギリギリ肉眼で見えるけれど、その姿は約230万年前のもの。わたしたちが毎日見ている太陽でさえ、約8分前の姿なの。満天の星空を見あげたとして、その星たちはみんな、違う時代の昔の姿を見せているってわけ。遠いものほど、昔の姿を見せている。そしてそれはみんな、その円錐の表面上に点々と並んでいる。太陽は上の方。すばるはもうちょっと下の方、アンドロメダ銀河はずっと下の方、って具合にね。図を指でたどってみて。遠くを見るほど、昔を見ることになるでしょ?」

「ふーん、ふん」彼は図を指でたどり、しばらく無心に考え込んでいる。無造作(になるようにがんばって整えたと思われる)ヘアーのやや長めの前髪が、重力に引かれて地面に向かって垂れている。ベンチに両手をついて支えた上半身は、華奢な少年らしさをとどめていた。年の頃は、彼が法律を破っていないとして、ちょうどハタチくらいってところか。「……ってことは、この広大な宇宙を見晴らす光円錐のてっぺんでいちばん接近してるのが、おれたち二人ってわけだ」おっと、なんだこのコは！　ちょっと人が気を許したと思えば。

「いやごめん。今のは冗談。真面目に考えてます。だからもうひとつ教えてよ」

「なによ」

「そんな怒んないでってば。この光円錐ってやつは、下にいくほど〝遠くの〟景色で、しかも、〝過去の〟景色なわけでしょ？　じゃあさ、光円錐のいちばん下の方、果ての果てまでどこまでも光の速さでたどって行ったら、ついには宇宙の〝果て〟にまでたどりついちゃうってこと？　それとも、宇宙の〝始まり〟にたどりついちゃうわけ？　どっちよ？　どういうこと!?」

わたしは思わず、マジマジと彼の顔を覗き込んでしまう。

「けっこう鋭いところ突くね。頭は悪くないんだ」

「こりゃどうも。光栄です」

「でも、続きを話すには時間が足りないな。わたしは早朝から用事があるの。帰るから」

「ええーっ⁉　ここまで説明してくれといてそれはないんじゃない？　3大疑問の話は？」

「あなた、学生でしょ。世間をもっと勉強しなさい。大人には大人の都合があるの」

一瞬ひるんだように見えた彼が、もう一度食い下がってくる。「来週、また会える？」やっぱり。「……多分ね。もう一度だけ、来るつもりだから」気が付いたら、なんとなくそんな返事を返していた。今日だって、実はわざわざここに寄ってみたのだった。先週は、ここを目的に来たんだけれど。バックパックをひっつかむと、自転車を止めた場所へと急ぎ足で向かう。急ぐ理由なんて、別にありはしなかった。

なにをやっているんだろう、わたしは。ペダルを漕ぎ出しながら考える。相手は学生なのに。しかも学生なら、昼間にイヤというほど顔を合わせているのに。


放っておけば人生から泡のように消え去ってしまうアクシデントをちょっとだけ引っ張ってみたのは、ほんの好奇心に過ぎなかった。それからの一年が……いや、ひょっとするとわたしの一生が、それを境にいかに大きく変わることになるのかを、その時のわたしは、まだなにも知らなかったのだ。

講義2 観測される世界とは

科学的に宇宙を知るには、「観測」を行う必要があります。観測対象を見るという行為は、観測対象そのものから放たれた光、あるいは観測対象に反射した光を捉える、ということを意味します。すなわち観測とは、「光によって間接的に観測対象とつながる」ということなのです。一般的な「観測」では、光だけでなく、音や温度など、多くの要素を扱いますが、宇宙の観測においては現在、光を含む電磁波が観測対象の主たるものであるといっていいでしょう。光は電磁波の一種ですが、この講義においては光を含む電磁波を、まとめて「光」と表現します。

さて、ここで「光円錐」という考え方を導入してみましょう。詳しい話は順次説明していきますが、これは、「今この瞬間のわたしに見える全世界」を表すことのできる、大変便利な図なのです。図の頂点には、わたし（＝観測者）がいて、その下方に広がる円錐形の表面が、今わたしに見える全世界、ということになります。ではさっそく、光円錐の仕組みに迫ってみましょう。

まず、光について考えます。光の速度は秒速約30万㎞のため、観測対象から放たれると同時に目に届くわけではなく、観測対象までの距離に応じて時間がかかります。光速度は、1秒間に地球を7周半するほどのすさまじい速度ですが、宇宙のスケールで考えると、意外とゆっくりにも感じられます。例えば太陽から降りそそぐ光は、太陽から放たれて地球にやってくるまで8分19秒もかかります。また、北極星からは約430年、アンドロメダ銀河からは約230万年もかかります。このように「光によって対象を観測する」とは、今現在の対象物を観測するのではなく、過去に放たれた光によってもたらされる、対象の過去の姿を観測するということを意味するのです。

ではまず「観測される世界」をイメージすることから始めましょう。宇宙空間に浮かぶ地球と、天体A～天体Dがあるとします。

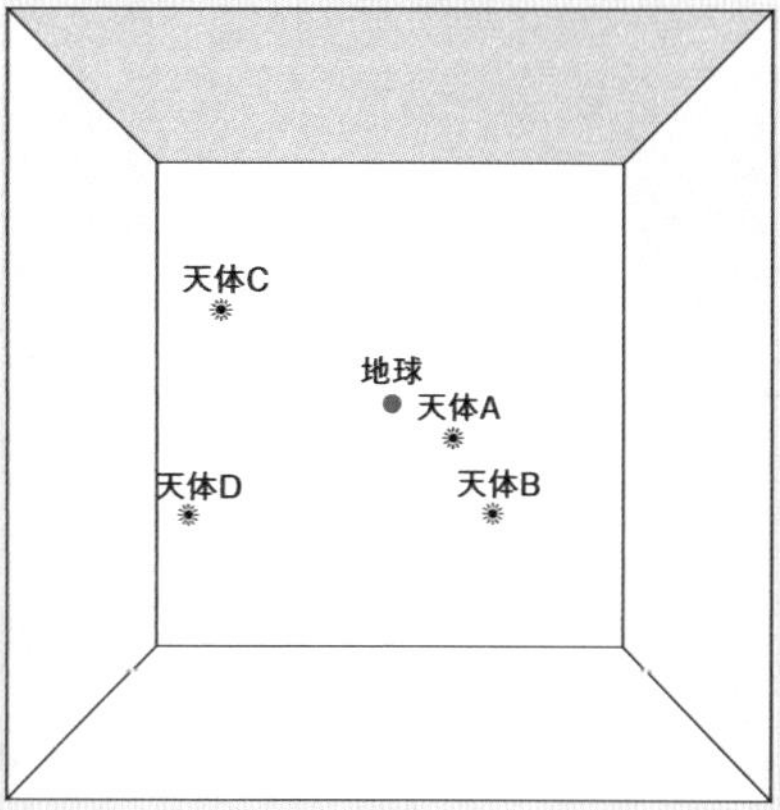

ここには、とある同一時刻における各天体の姿が表現されていますが、実際には、光が地球に届くまでには、各天体から地球までの距離に応じた時間がかかるため、このような姿（同じ時刻における各天体の姿）は地球からは観測できません。しかし、それぞれの天体がどの時代の姿なのかは、「宇宙の見方」を図にする上で、極めて重要な要素です。わたしたちが今見ている北極星から光が発した時代は約430年前、つまりルネサンスの頃。アンドロメダ銀河からの光が発したのは約230万年前、既に恐竜が絶滅し、大型哺乳類が地球を闊歩していた時代となります。

では、観測されたそれぞれの天体の時代を図の要素に組み込んで表現するには、どうすればよいのでしょうか。上の図では現在の空間しか表されていませんが、ここに時間を表す軸を置くことができれば、観測している天体の時代を表すことができそうです。でも、いったいどうすれば？ここでは順を追って、空間と時間を1つのグラフで表す方法を説明していきましょう。

天体から放たれる光はあまりにも早いので、まずイメージしやすいものに例えてみましょう。一定の速度で歩く人、例えばAさんが、わたしに向かってくるという状況を設定します。わたしとAさんを点で表すと、わたしとAさんの出会いは、以下のように表されるでしょう。

ではその1分前はどうなっていたかというと、

2分前は、

3分前は、

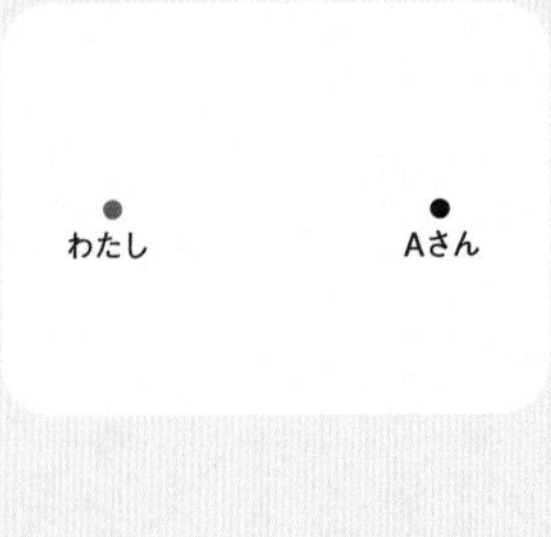

この様子を、時間の流れを表す軸（時間軸）を作ってグラフとして表現すると、このようになります。右に説明してきた内容が、そのままグラフになっているのがわかりますね。

Aさんの動きは、左の図のような「斜めの線」として表されます。では、Aさんがちょっと小走りだったら？　より短い時間でわたしと出会うことになるので、下の図のようになります。

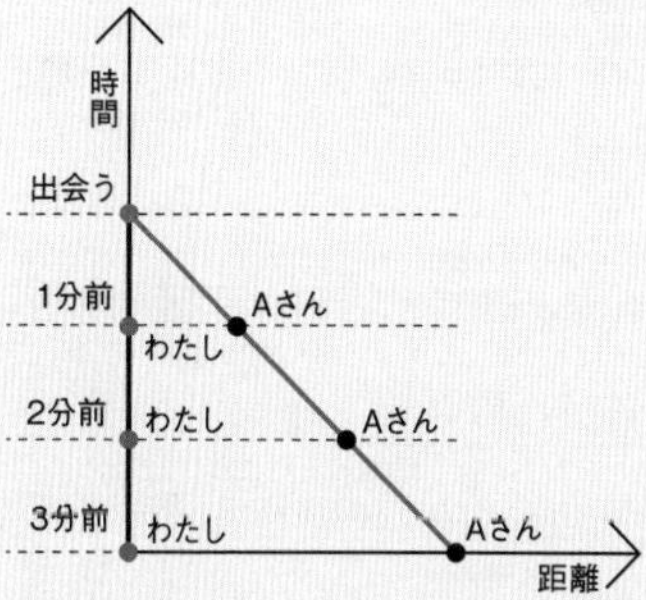

先ほどよりも1分早く出会いました。ここでAさんの動きを表す線の傾きも変わっていることに注意してください。この傾きは、実は、Aさんの

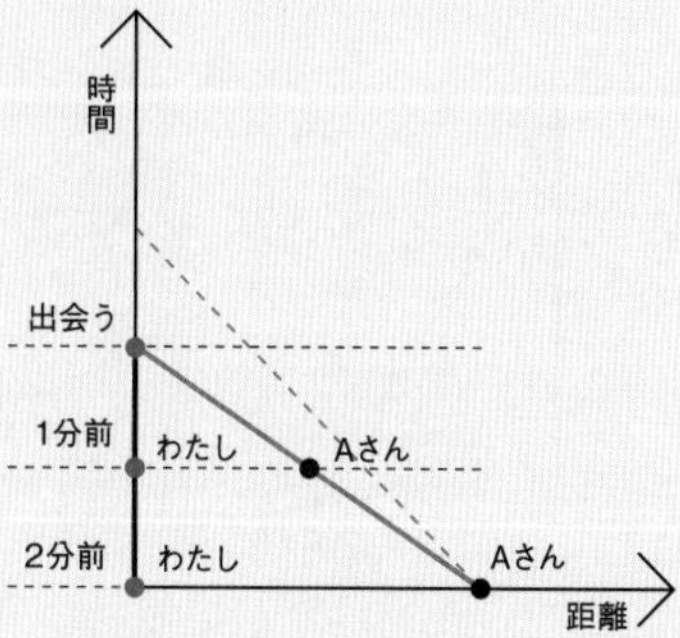

「速度」を表しています。ここでの速度とは、「一定の時間にどのぐらい進むことができるか」にほかなりません。一定の時間におけるAさんの移動距離を、2つのグラフで比べると、

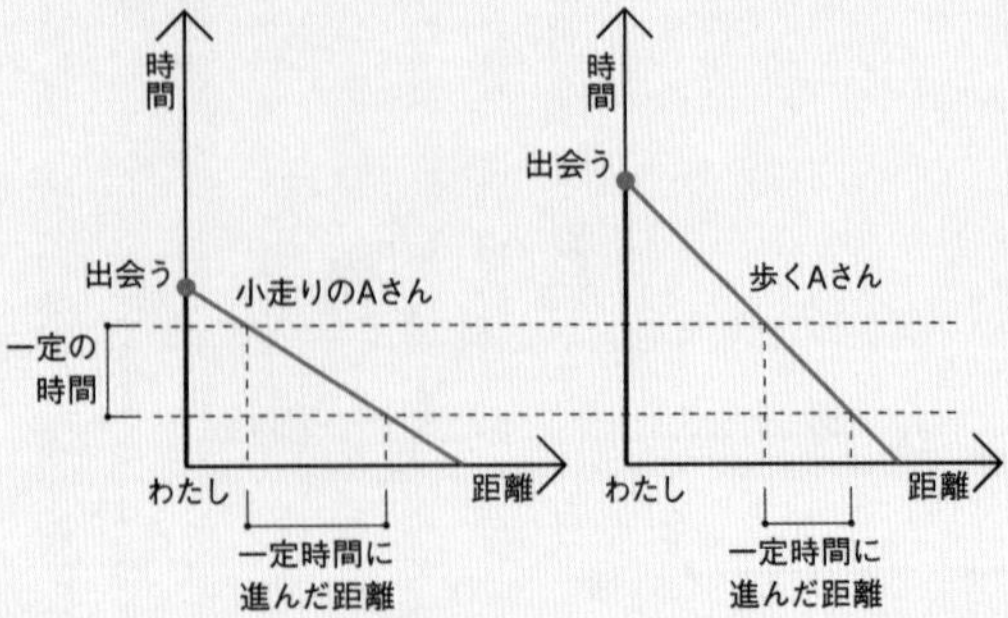

このように、線が緩やかになるほど、一定の時間に進む距離が長くなっていることがわかります。つまり速度が大きい（＝速い）わけです。

今までの話に、縦横の軸に加えて奥行きも追加してみましょう。

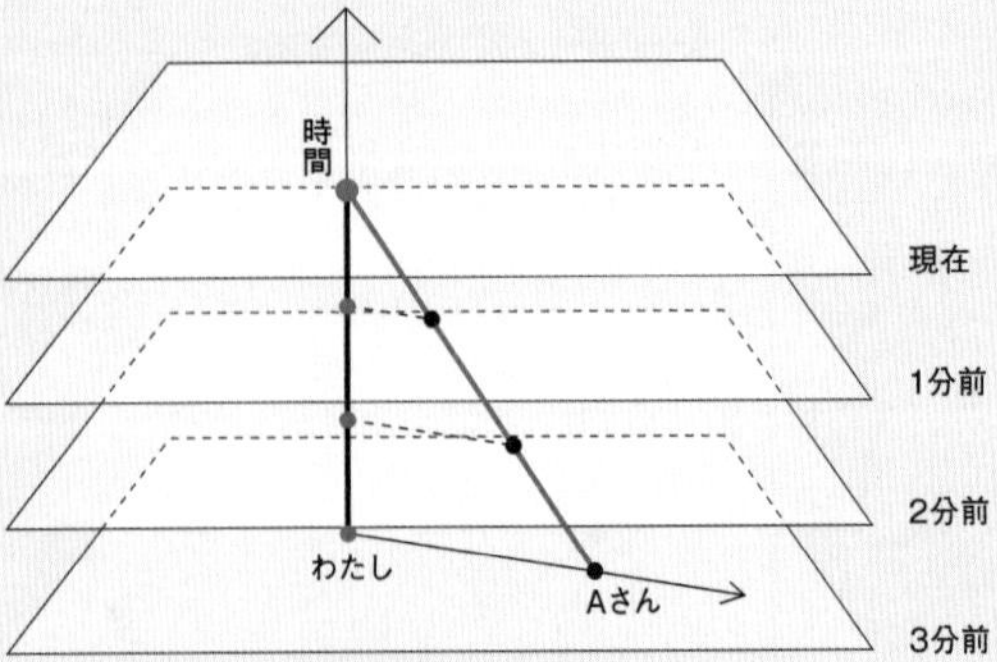

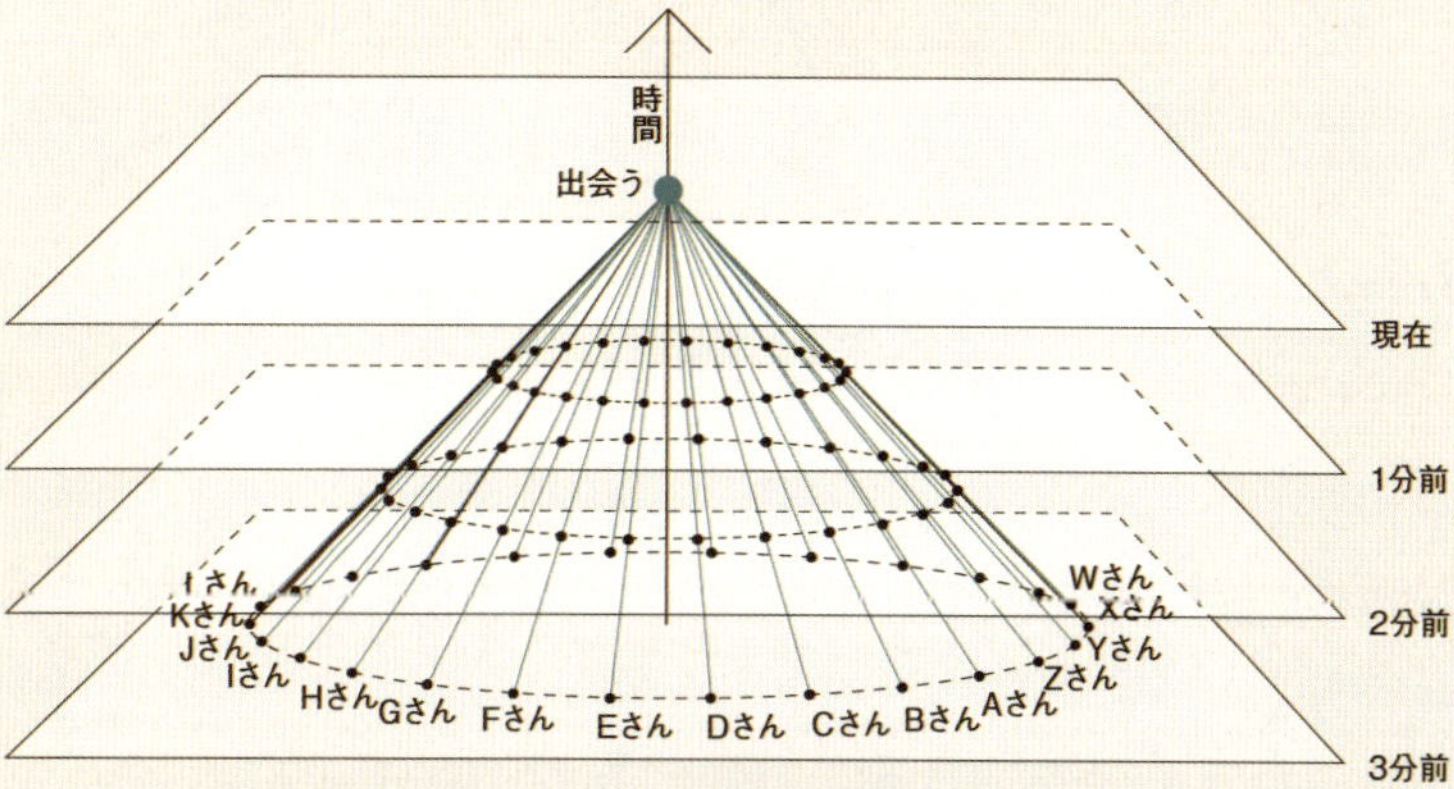

どうでしょうか。グラフが、より現実の世界のイメージに近づきました。

そして、今度はAさんだけでなくAさん～Zさんまで、計26人に登場してもらいます。26人は、わたしから等距離で、わたしを中心に取り囲んでいます。この全員が、わたしに向かって近づいてくるとすると……？（どんな状況なのでしょうか。ちょっと怖いですね）上のグラフのように、人の動きを表す線が、円錐のような輪郭となることに気づかされます。

さて、条件を変えてみましょう。全員が等速でわたしに近づき、同時にわたしにたどりつくという条件はそのままですが、今度は、わたしから個々人までの距離が違っているとします。

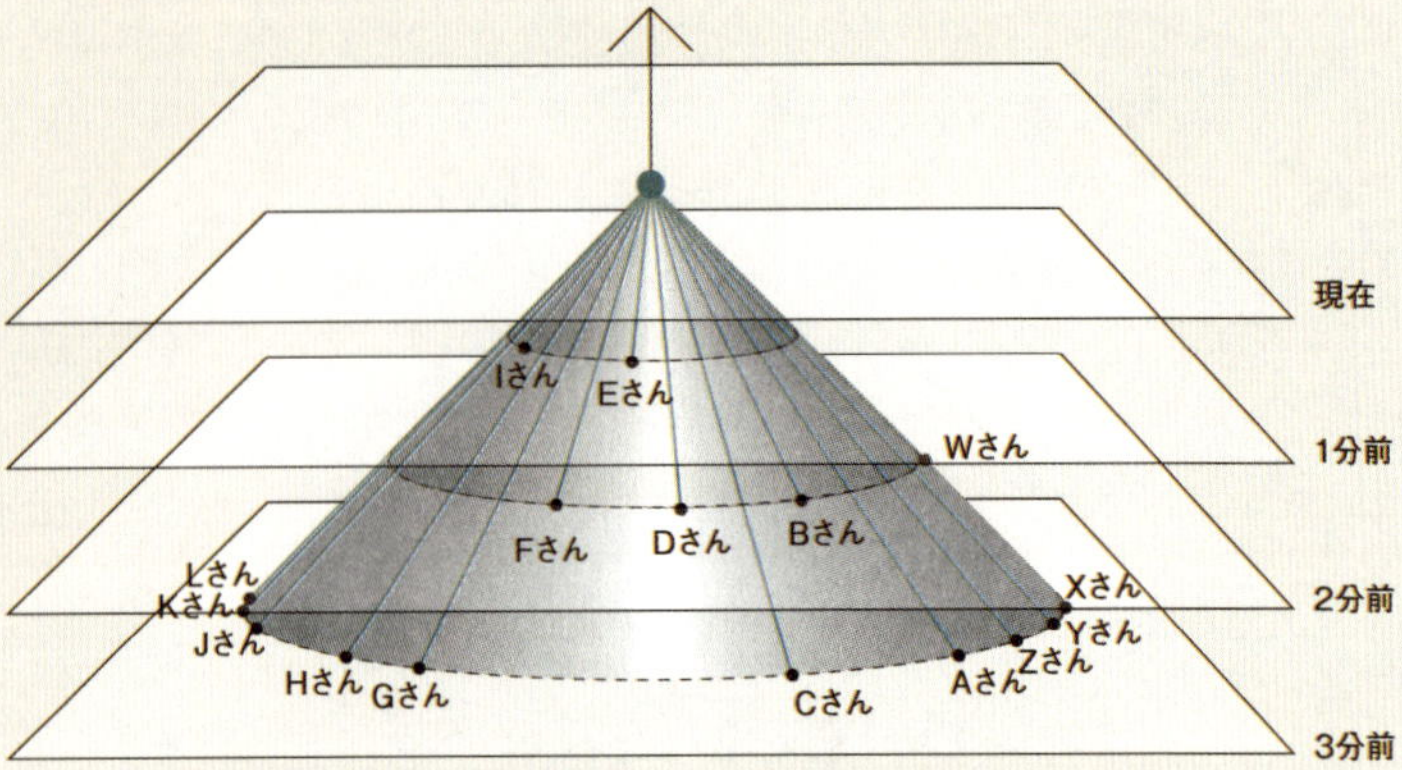

するとたとえば、上のグラフのようになるでしょう。やはり、人の動きを表す線は円錐上に描かれていますね。

ではここで、本題の「光」に戻りましょう。光と、人の歩みとでは速度がまったく違うので、空間と時間を表す単位もそれなりのものになります。

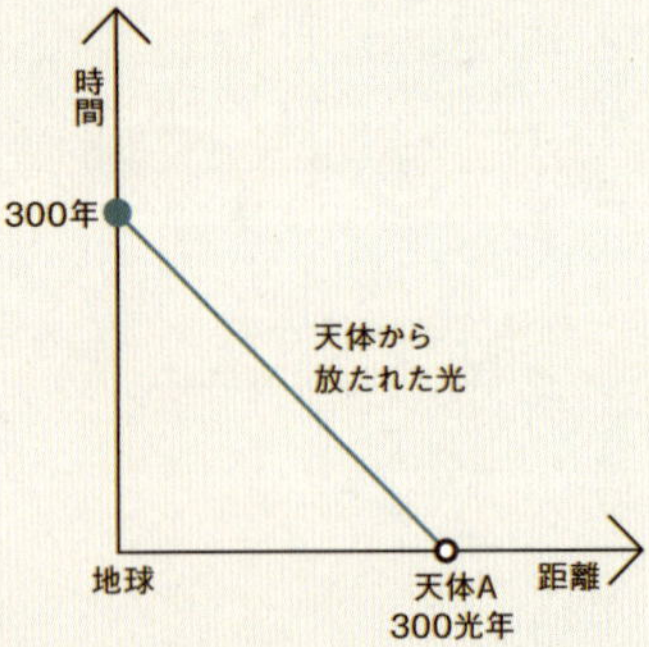

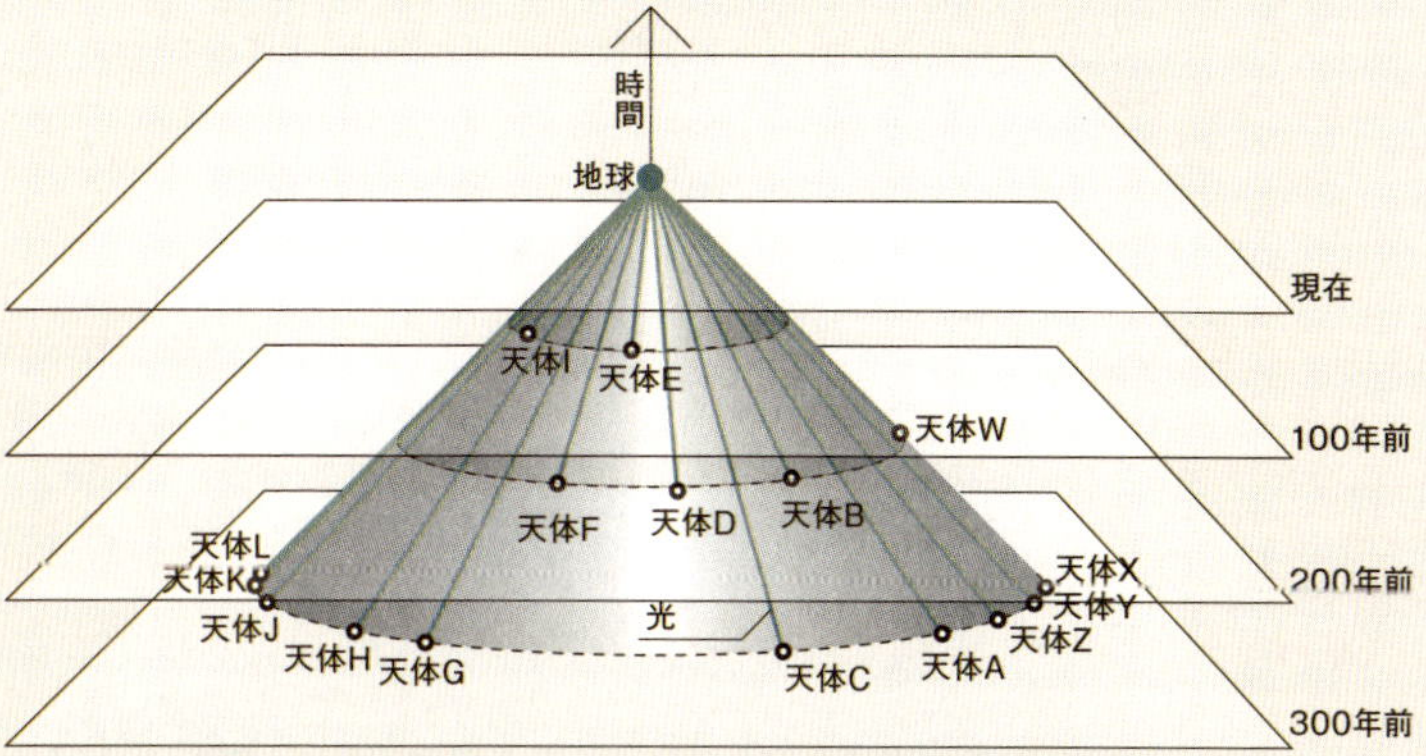

天体の距離を表す単位の一つに「光年」というものがあります。1光年とは、光が1年かかって移動する道のりの長さのことです。わたしと天体Aの距離が300光年（つまり光が300年かけて移動する道のりの長さ）であるとします。光の速度は常に一定です。そのため、傾きは先ほど同様に一定となり、グラフはやはり、円錐形を描きます。

先の例のAさん〜Zさんは、こちらのグラフでは天体A〜天体Zということになります。

人の例の場合は、人自身がわたしに近づきましたが、天体を観測する場合は、もちろん天体自体ではなく、天体から放たれた光がわたしに近づきます。Aさん〜Zさんがわたしからさまざまな距離をおいた位置から出発したように、天体A〜天体Zもわたしからさまざまな距離に存在しています。よって天体の時間軸の位置も違うことになり、前ページ上の図に表されているように、それぞれの天体は、わたしに対して違う時代の姿を見せていることになります。

人の例と、天体の例には、距離と速度以外にも違う点があります。Aさん～Zさんは、みんな地面の上、つまり同じ平面上にいるのですが、天体A～天体Zは同じ平面上にあるのではなく、現実の世界では、3次元的に異なった位置に存在しているのです。

こうした違いにもかかわらず、Aさん～Zさんと、天体A～天体Zは、同じ円錐形のグラフで表現されています。なぜそのようなことができるのでしょうか。これにはちょっとした秘訣がありま す。天体を表した方のグラフでは、3次元空間を2次元の平面に変換してあるのです。その方法を、簡単にご説明しましょう。

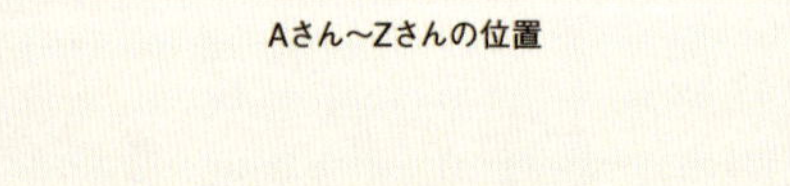

Aさん～Zさんの位置

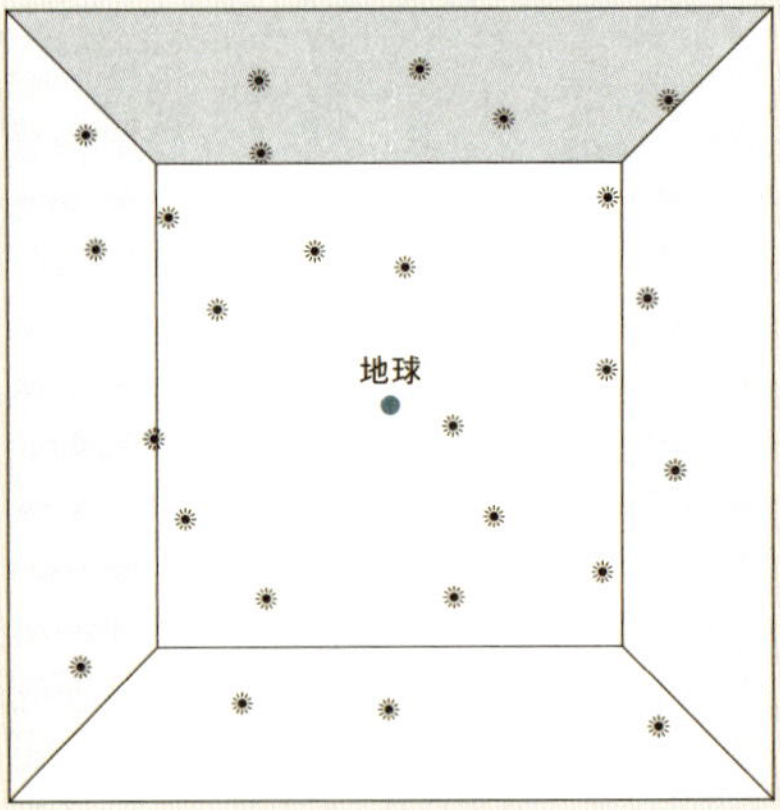

天体A～天体Zの位置

ここではアンドロメダ銀河を例にとります。距離は重要な情報なので、平面に変換しても、３次元空間における距離情報は保存されるようにします。すると、変換はこのようになります。

こうして3次元の空間を、平面によって表現することができました。こうした変換を各天体において行うことで、縦の方向に時間軸を置くことが

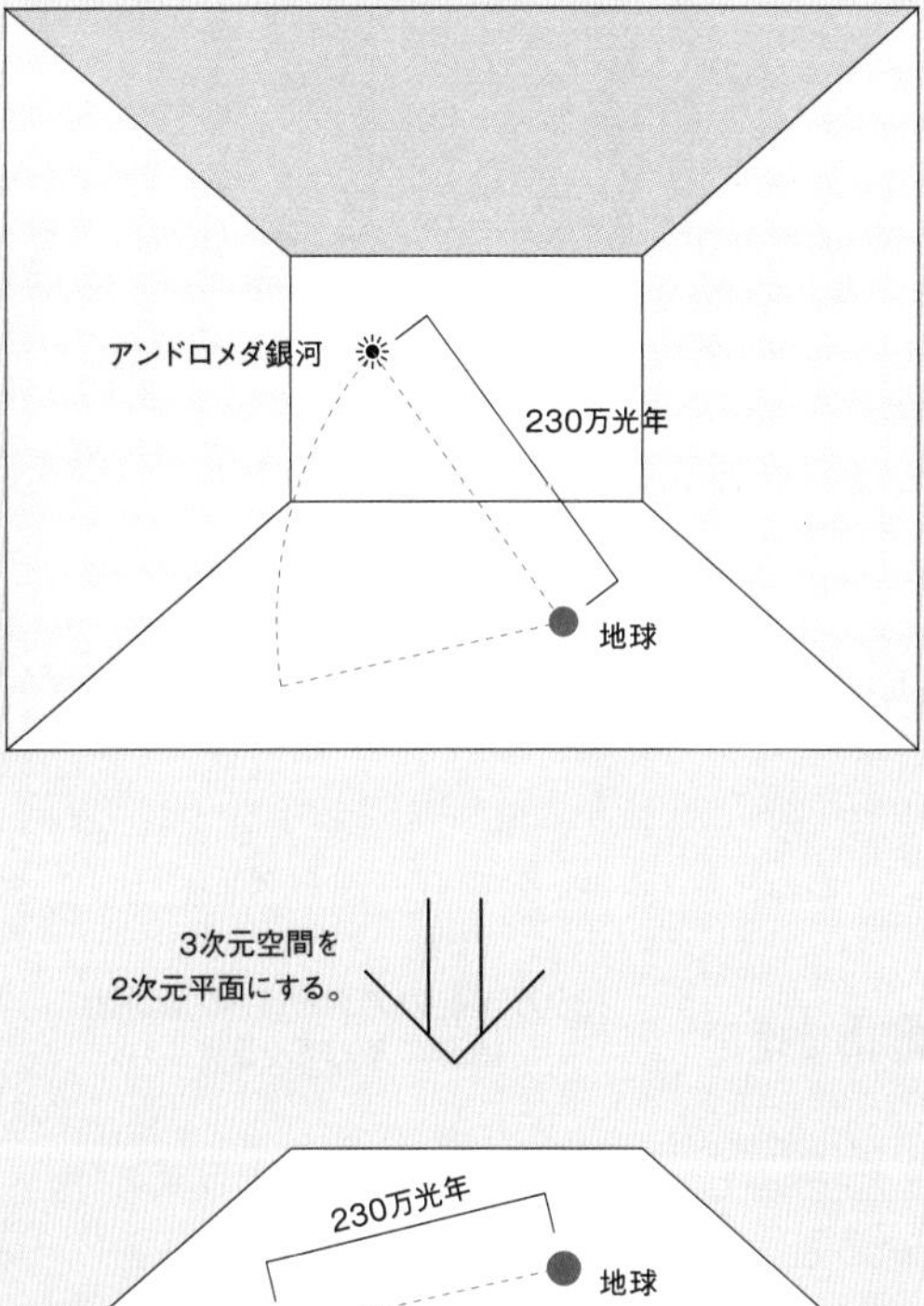

できるようになります。「そんな勝手なことをやっていいのか！」とお怒りの方もいるかもしれませんが、一番大事な距離の情報は保存されていますので、これでまったく問題ありません。そもそも「グラフ」というのは、現実を単純化して、不必要な情報をすべて捨てて、必要な情報だけによって物事の関係をわかりやすく捉えるのが目的ですから、このように「3次元空間の情報を変換して、2次元の平面に表現する」ということも、それが目的にかなっていれば許されるのです。

ではいよいよ、ここまでの話を1枚のグラフにまとめてみましょう。下の右図のように、わたしたちに今見えている230万年前のアンドロメダ銀河は円錐の表面上に存在しています。では、現在のアンドロメダ銀河はどこにあるのでしょう？このグラフでは、縦に時間軸を取りました。すなわち、横にスライスした平面が「同一時刻にある

230万年前のアンドロメダ銀河と地球にやってくる光

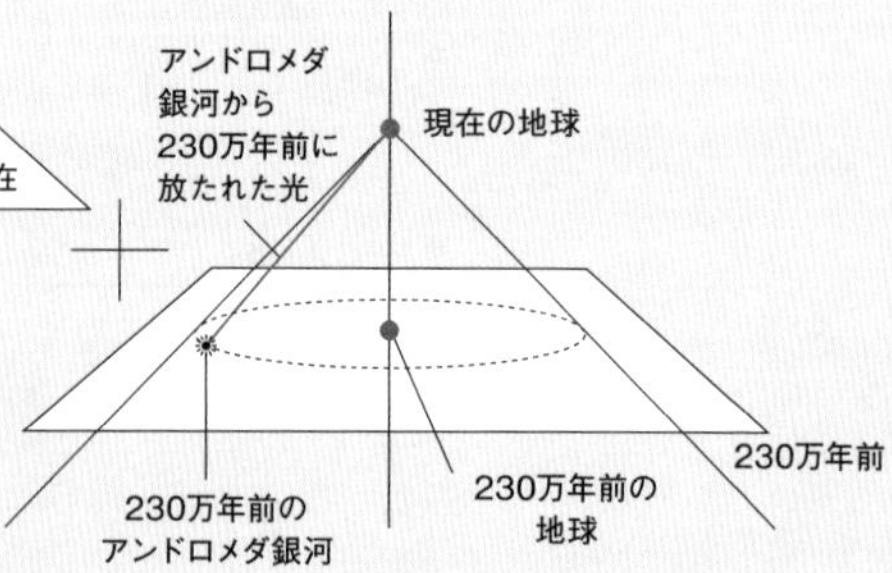

現在のアンドロメダ銀河と地球

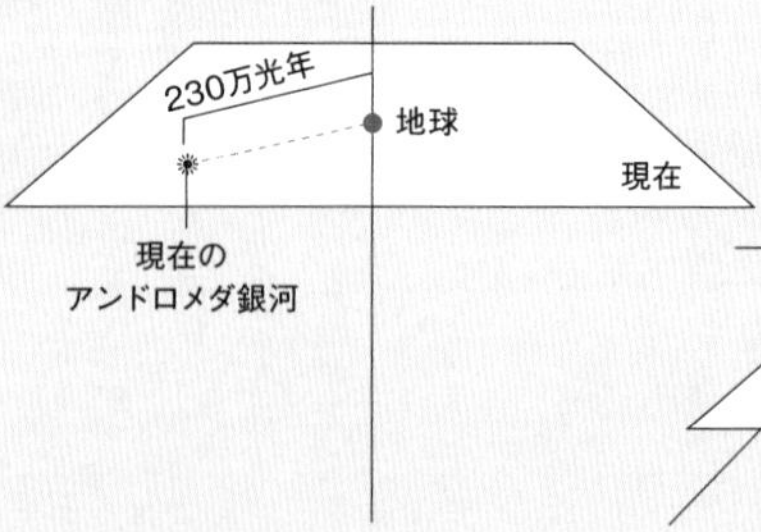

世界」ということになります。ですから、頂点の地球と同一平面上にあるのが、現在のアンドロメダ銀河ということになります。こちらの方はもちろん、（まだそこから放たれた光がわたしたちに届いていないため）現在のわたしたちには見ることはできません。

これが「光円錐」です。円錐の傾きは、光の速さを表しています。そして、対象が放った光、あるいは対象に反射した光がわたしに届く時、わたしにはその対象が見える（あるいは観測できる）ことになります。「いまこの瞬間のわたしに見える全世界」は、このようなかたちに表されるのです。

この光円錐を眺めていると、いくつかの疑問が湧いてきます。光円錐の、縦軸は時間を表し、横軸は距離（広さ）を表しています。ということは？　光円錐の果てはいったいどうなっているのでしょうか。宇宙の果て？　あるいはまた、宇宙の始まり？

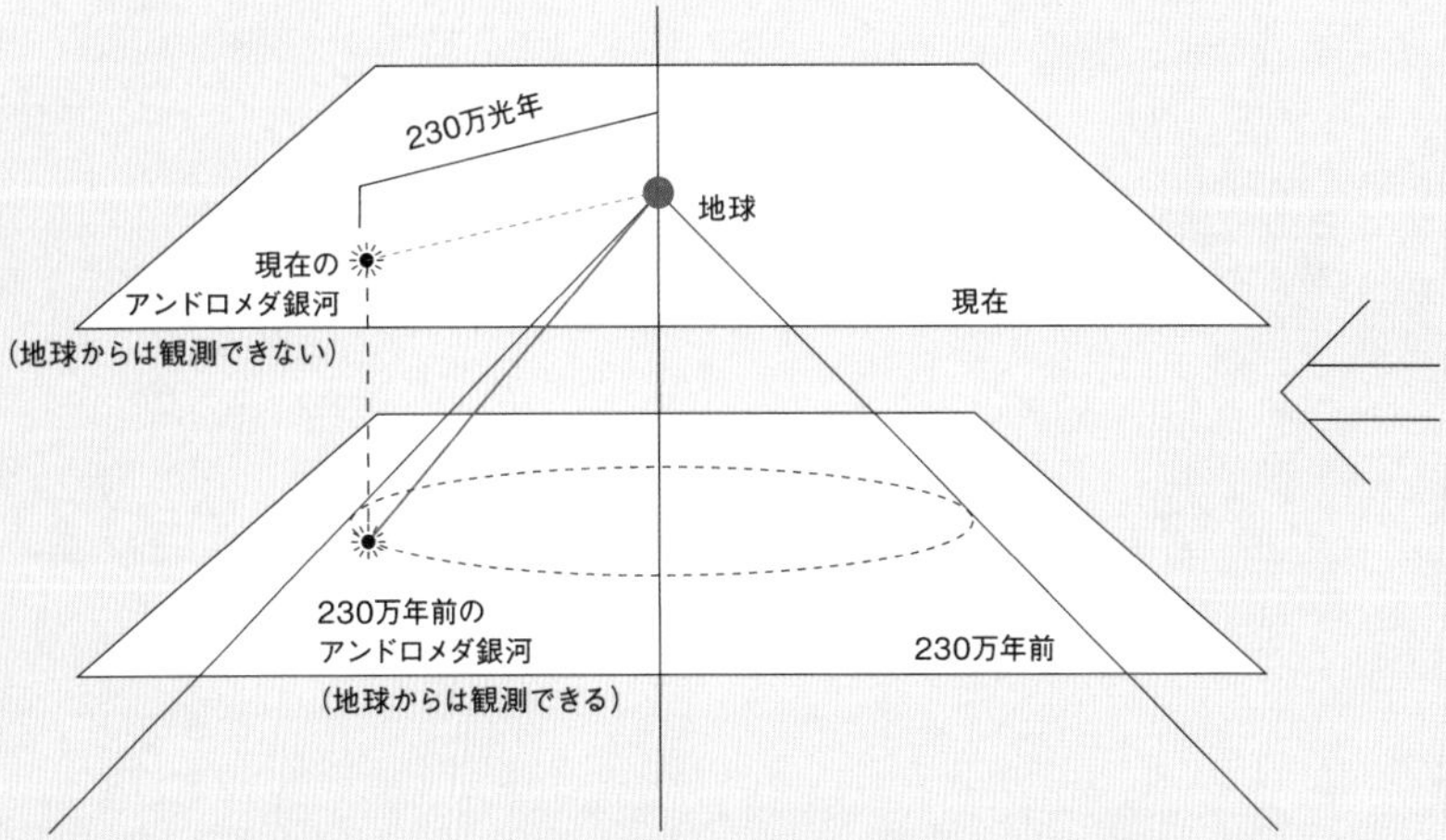

lesson.3

宇宙のカタチ

「一番大きい景色が、一番小さいってこと⁉」
「それが宇宙の、不思議なところ」

「宇宙は膨張している」。これは、比較的よく知られた事実です。
しかしその膨張によって、例えば「見る」という行為の常識が
いかに通用しなくなってしまうのかは、意外と知られていません。
あなたが夜道を散歩している時、あたりの景色を眺めるのと、
星空を見あげるのとでは、驚くような違いがそこに存在しているのです。
宇宙を見つめること。その不思議を、美しいグラフから読み解いてみましょう。

しずくのかたち

われながら機転が利いてると、自分をほめてあげたい。ぼくは今日のために、公園からほど近い終夜営業のカフェを見つけといた。雰囲気、OK。オープンテラスあり。でも値段は許容範囲。常に理想と現実を秤にかけないといけないのが、貧乏学生のつらいところだ。

こうしてテーブルを挟んでみると、彼女はこのあいだよりずいぶん大人びて見えた。けれどもこの人は、自分の魅力にはまったく無頓着みたいだった。ひょっとして（その「ひょっとして」に賭けているわけだけど）フリーなんじゃないのかな？ そんな妄想も、心地の良い抑揚をもった、発音明瞭な彼女の話の内容に引き込まれて消えていく。

その声に耳を傾けながら考える。いつの間にか自分から遠ざかっていた、宇宙っていう、とてつもなくデカくて得体がしれなくて不思議なもの。自分自身がその中に含まれていて、その始まりも、果ても、終わりも、まるで想像できないもの。ぼくが育った田舎では、晴れた日の夜空の星々は本当にきれいで、じっと見つめると天の川まで見えてきて、身体はそのままに、視線だけが宇宙へ吸い込まれていくような気がしたものだ。

そこは自分にとって、見も知らぬ兄弟が永遠に眠っている場所でもあった。見あげる時の気分に応じて、暖かくも、厳しく冷徹な世界にも見えた。この世界を統べるルールが暗号のように描き込まれた、どこまでも果てしのない広がり。

ここんところ忘れていたそんな気持ちを、ありありと思い出したってのは事実だ。それだけじゃない。彼女の話はまるでぼくの知らないことばかりで、ぼくの宇宙像はすっかり科学的にアップデートされそうな勢いだった（もし、この関係が続くのなら）。静かな情熱と、揺るぎない自信を持って話す彼女の表情をこうして独り占めできるのは、鼻血や全身打撲という尊い代償と引き換えにぼくが手に入れた特権だ。話の途中でぼくが素人丸出しの質問をすれば、（決して口には出さないけれど）「そんなこともわからないの？」って表情になる。その顔がまた魅力的なので、思いついた質問をかたっぱしからぶつけてみたくなる。チアキにフラれたことなんかチャラにしてくれるくらい、それは楽しい時間だった。問題は、いつまでこれを続けんの？ってことだ。今日こそはきっと……実際、ここでアプローチすべきは明らかに男の役割であって……

「……というわけ。わかる？」

「わかるわかる。……すみません、ウソです。今なんてった？」

「だからさ、あなたが気にしてたことに答えているの。光円錐のずっと先は、宇宙の〝果て〟なのか？それとも〝始まり〟なのか？このあいだ、そう聞いたでしょ。結論から言うと、〝果て〟じゃなくて〝始まり〟にたどりつくの」

「ん、なんで？光円錐のヨコ方向って、距離を表してるんでしょ？で、視線が光速で伸びていくのにしたがって、どんどん広大な範囲が見えてくるなら、いずれは〝果て〟にだってたどりつきそうじゃん。だから、〝果て〟と〝始まり〟に同時にたどりつくのかな、って予想してたんだけど」

「うん、気持ちはわかる。けれどもそうはならないの。なぜなら、円錐形は広がり続けるんじゃなくって、徐々に丸まって〝しずく形〟になってしまうから。これ、今日のキーワードね。テストに出すよ」

彼女の話は、彼女のルックスと同じくらいぼくを惹きつける。ま、いいや。なせばなる。なるようになる。その女性に近づきたいのなら、まずは話に耳を傾けるべし。恋愛の鉄則だ。

宇宙を見晴らす視線の彼方

「まっすぐ伸びていくはずの光円錐が、なぜしずく形を描くのか？　それには3つのことを知る必要がある。

1…宇宙には〝始まり〟があること。

2…宇宙は、目にも見えない極小サイズで無から誕生したこと。

3…宇宙はそれ以来、膨張を続けてきていること。

……これらを考えると、視線はいつまでも光円錐状に伸びては行けないことになる。例えば、ここが宇宙の始点だとするでしょ？　そうすると、細かい話は全部省いちゃうけれど、映像を逆回しするみたいに、視線は宇宙の始まりへと巻き込まれていって、最後にはその中に消えてしまう」彼女はお店の紙ナプキンを取ってまず光円錐を描き、それがしずく形になるように線を描き足した。

「ええっ、そんなことでいいの？　なんていうかその……ずるくない？」

「どうして？　論理的に考えて当然の帰結でしょ。それに、観測的事実によっても裏づけられているし。第一、宇宙の始まりの前には時間も空間もないんだから、視線なんて存在しようがないじゃない」

「いや、だって……」

「ここの曲線自体にも、色んな面白い秘密があるんだけれど。なんといっても面白いのは、原理的には、このてっぺんにいる観測者、つまりあなたやわたしの視線は、しずく形を一番下までたどっていくことで、宇宙の始まりあたりを見ることができる、ってことなの。これはなかなかどうして、すごいことだよ？」

「ちょい、ちょっと待って。う〜ん、復習してきたんだけどさ、光円錐って、おれやきみ……おっと、チャンス到来。ねえ、今さらだけど名前教えてよ！」

「キョウコ。あなたって、手が早いんだか抜けてんだか、よくわかんない」

「その両方です。キョウコちゃんか。いい名前だね。でね、光円錐ってさ、おれやキョウコ

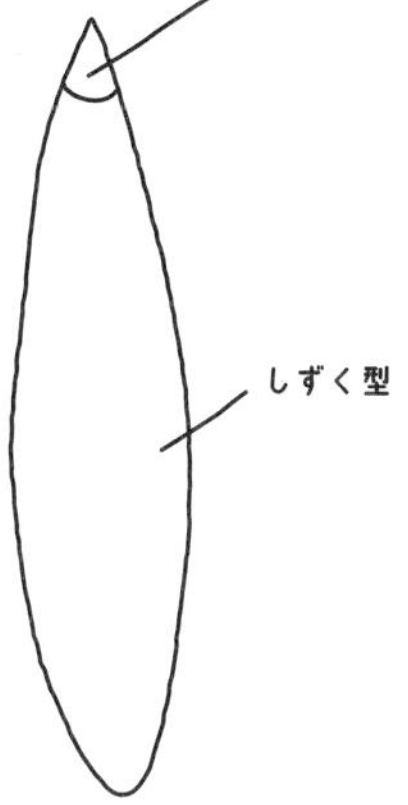

ちゃんがそれぞれに持ってる、〃今目に見える〃……もうちょい正確に言えば〃今観測できる世界〃なわけでしょ？　主観的な話だよね？　それが、宇宙の全体像っていう客観的なものと一気に直結されちゃうのが、どうも納得できない。それってＯＫなの？」

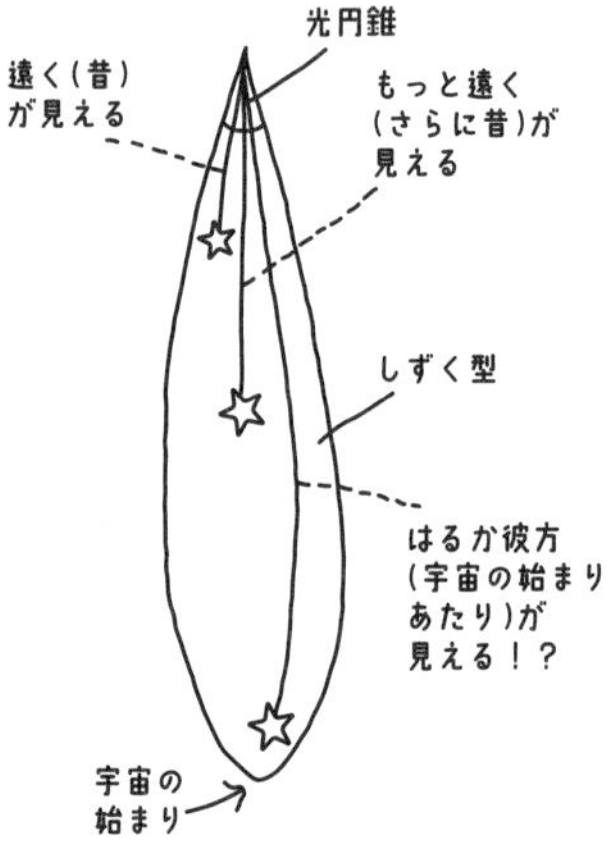

「ふむ。そういう趣旨の質問は、学生から受けたこともあるな。宇宙には、ほかの図解の仕方も色々あるよ。世界地図の図法がいろいろあるようにね。でも宇宙って、人間が観測して

こそ、初めてその姿を人間に明らかにしてくれるわけじゃない？　そしてこの図には、地球から宇宙を観測している人間と、観測される当の宇宙とは分けて考えることができない、っていうことがストレートに描き出されているのよ。それが魅力だし、このアプローチには、他の図法にはない利点がたくさんある。知りたければ、おいおい説明するけれど」

「ふーん、そうなんだ。とりあえず了解ってことにするわ。ごめん、話の腰折っちゃった。続けて。……いや、ちょっと待った！　学生？　学生って⁉」

「教えているんだけど。大学で。どうして？」

「ええっ⁉　大学教授サマですか？っていうかキョウコちゃん、何歳よ？」

「いちいち物言いが失礼だなあ。ちなみに教授じゃなくて非常勤講師ね。わたし自身、まだ博士課程の学生でもあるし。聞きたければ教えるけど、年は28」

今日一番の破壊力をもったパンチに、ぼくは思い切りのけぞる。しかもよけそこなって「ええっ⁉」という素っ頓狂な声をあげてしまう。

「おおかた、20代前半だとでも思ってたんでしょ？　驚かないわよ、いつものことだし」

それは自慢する風ではまったくなかった。むしろ真からイヤそうな顔つきだ。若く見られて憤慨するこの世代の女性に、ぼくは初めて遭遇した。

すりばちの意味

ようやく体勢を建て直したぼくは、コロナを追加で注文し、ライムを急いで瓶の中に押し込んでから、泡立つ液体をぐいと喉に流し込んだ。

「ハイ。落ち着きました。今度こそ続けてください」

彼女が、ほとんど微笑に近い苦笑を浮かべながらこちらを眺めてる。

「……よし。じゃあ今度は、宇宙の〝果て〟の方はどうなったのかを考えてみようか。実はしずく形は、話の半分でしかないの。ここで次のキーワードが出てきます。〝すりばち形〟ね。これもテストに出すから覚えておくように」

彼女はしずく形の下端をペンで差しながら、「ここが宇宙の始まり。誕生以来、宇宙は膨張を続けている。とすれば、この図はタテ軸が時間、ヨコ軸が距離なんだから、宇宙は下端を始点に、上に行くに連れてどんどん幅を増すに違いない」と、しずく形を中心にして、たしかに〝すりばち〟のように見えるかたちを描いた。

「これの説明については、ちょっと待ってて。まず大事なことは、今までの話を思い起こしてもらえばわかると思うけど、わたしたちに見える宇宙というのは、このしずく形の表面だけだ、ってこと。どんなに精巧な望遠鏡や観測機器を使っても、人間はこのしずく形の表面をより下方までなぞることしかできない。だから、直接観測できるという意味では、これが人類に与えられた〝全宇宙〟なの。そして確認だけど、このしずく形は、〝今この瞬間に〟わたしたちが観測することのできる全宇宙を表している。ＯＫ？」

え〜？　タテ軸が時間じゃん。下の方は過去なんじゃん。だったら、今この瞬間には下の方は観測できないんじゃあ、と思いかけて、彼女の言葉を思い返す。えーと、たしか……。

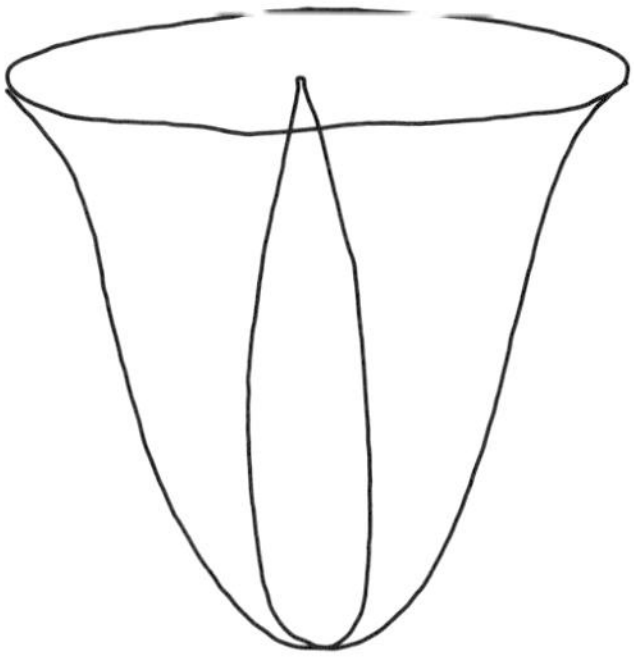

近くで光った星は、すぐにぼくの目に届く。太陽なら8分。そして遠くで光った星は、時間をかけてぼくの目に届く。すばるなら、400年。アンドロメダ銀河なら……（う、忘れちまった）数百万年前。でも、どれも今、ぼくの目で見ることができる。違いは、それぞれの星の、いつ放った光が見えているか、ってことなんだ。でも、しずく形そのものは、全部同時にぼくに見えてるものなんだ。

「OK、わかった」眉間のシワが取れる。ぼくは今、彼女にとってはめちゃくちゃ当たり前のことで、快心の笑みを浮かべてるのに違いない。

「そう？　良かった。それでね、しずく形の表面の、わたしたちに〝今〟観測できる星々は、数百年前の姿だったり、数億年前の姿だったりするわけじゃない？　で、宇宙はずーっと膨張し続けてきているはずだから、それらの星は、今はもうとっくにその場所にはいなくなっているはずなの。姿は見えども、そこにあらず。ある時代、特定の場所にいた、っていう光の痕跡だけをわたしたちに残して、星自体は、今現在はわたしたちからずっと遠くにまで遠ざかっていたり、場合によってはもうなくなっちゃってたりするわけ」

「先生、なんかまた難しくなってきました……」

「もうちょっとだから。がんばって最後まで聞いてみて。ちょっとわかりやすいように補助

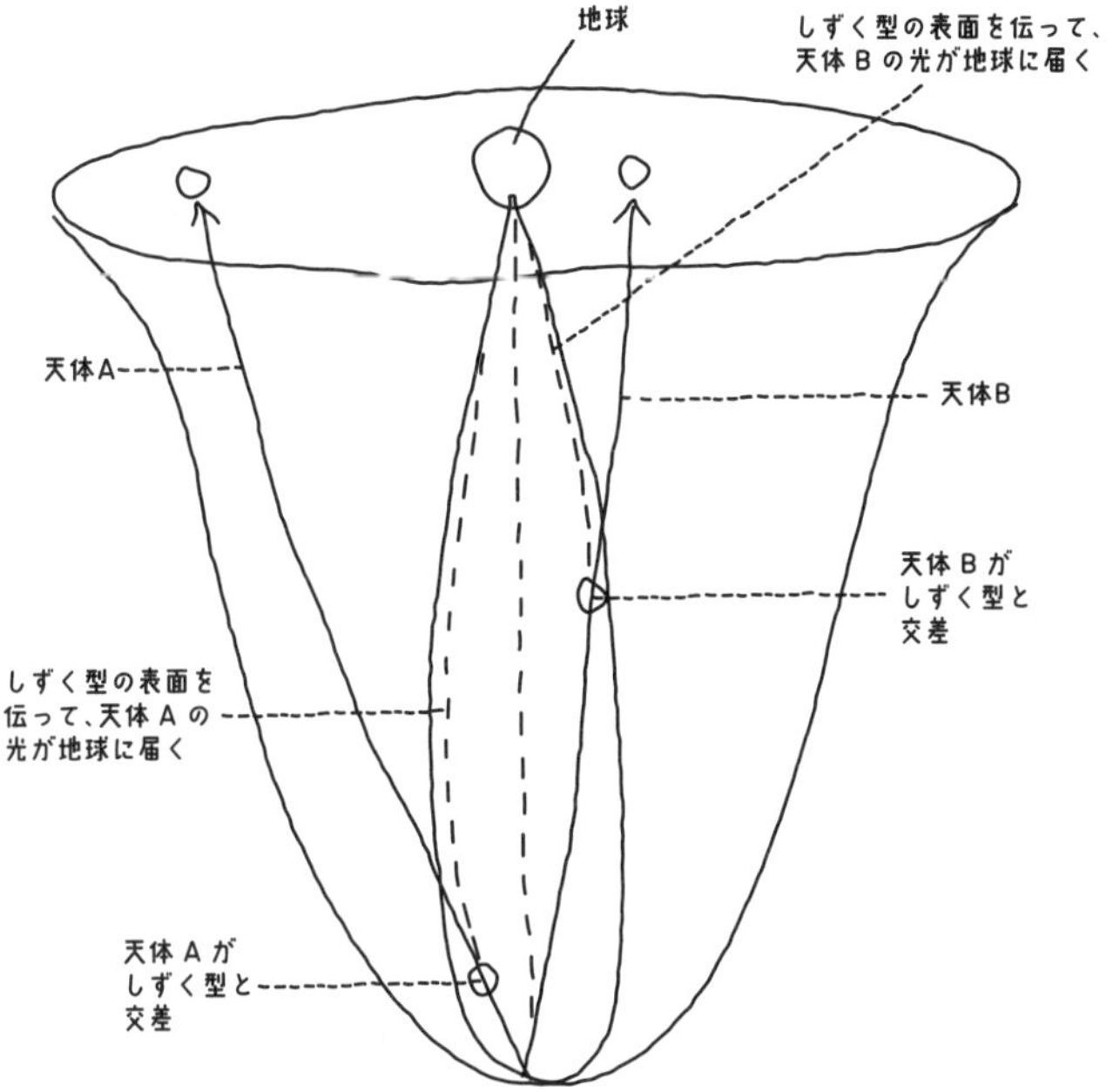
地球
しずく型の表面を伝って、
天体Bの光が地球に届く
天体A
天体B
天体Bが
しずく型と
交差
しずく型の表面を
伝って、天体Aの
光が地球に届く
天体Aが
しずく型と
交差

線を入れるよ？」と彼女は、しずくとすりばちの図に、何本かの線を描き込む。

「こんな風に、ある時点で放たれた星の光が、今わたしたちに届く。一方でその星自体は、宇宙の膨張によって、こんな風に地球から遠ざかる。２つ例を描いたけど、これを無数に描き込んでいくと、そのアウトラインの全体が、このしずくとすりばちのかたちになるわけ。どうかな？」

「ハァ……あの、知恵熱が出そうな状態です。でもさ、しずく形の表面しか観測できない人間が、どうしてこのすりばちのことがわかるわけ？」

「それは、おびただしい観測結果と、ものすごく難しい計算の集積の賜物ね。くわしく知りたい？」

「いえ、今日は結構です」「そう？　残念だな」彼女はちょっと愉快そうに、片方の眉をひょいとつりあげてみせる。口調もそうだけど、表情も豊かなニュアンスに富んでいて、なんていうかその……ぼくはもう、嬉しくてしょうがない。

「じゃあ、まとめようか。わたしたち人間が、見える宇宙、つまりしずく形だけを手がかりにして、科学によって導き出した、宇宙の誕生以来今日までの膨張の歴史。それが、このすりばち形なの。だからこれは、〝科学の手が届く限りの全宇宙〟といえるかもしれない。ある意味では、宇宙の〝果て〟よね。この図の全体を、便宜的に〝宇宙図〟って呼ぶことにしよう。はい、これあげる」

こんな調子で、ぼくらは尽きることなく話をした。ぼくが追いつくと、彼女が引き離す。まるで会話の鬼ごっこだ。つかまえたかと思うと、彼女は新しい宇宙の不思議を広げて、ぼくをケムに巻いてしまう。イメージじゃなくって科学の裏づけで。例えばこんな具合。

「……このしずくやすりばちは、〝距離〟と〝時間〟で構成されたある種のグラフだから、ちょっとグラフの世界を離れて、現実の視点に戻ってみようか。あなたは、満天の星空の下。そこには、無限遠まで見える、ものすごい望遠鏡があるとする。遠くに観測される星ほど、昔の姿を見せているっていうのは何度も確認してきたよね？　これに、宇宙が膨張してきたって話を加えて考えてみると、どうなるだろう？」

「どうなるわけ？」

「遠くの星へと観測していくにつれて、あなたは昔の宇宙、つまり、今より小さかった頃の宇宙の姿を見ることになるの。どんどん遠くの星を観測していけば、それだけ宇宙は〝小さく〟なる。そして、観測できる一番遠くの宇宙、それは、ついには宇宙の始まりの姿に迫って……」

「ちょっと待った！　それって、観測できる限り遠い遠い宇宙が、宇宙がいちばん小さかったころの姿、ってことにならない？　つまり、おれたちに見える、宇宙一大きいはずの景色が、宇宙がいちばん小さかった頃の景色、ってことになるんじゃないの？」

「……ほんと。不思議だよね。宇宙って」

「ええええっ？　そんなリアクションですか⁉ていうか、説明ナシっすか？」

「だってそれが宇宙なんだもの。その〝不思議感〟を味わうことって、とっても大切なことだと思わない？……それにしてもあなた、突然頭の回転が速くなることがあるよね。たまに」

「たまにってなによ、たまにって」

ぼくらは結局、朝方まで一緒だった。ひとつだけわかったのは（いや、もちろん宇宙の話じゃない。宇宙の話なら、「たくさん」わかった。……と思う）、彼女もこの会話を楽しんでた、ってこと。ぼくらには、お互いに恋愛対象たるに欠かせない共有言語があるってことだ。しかも、これだけ年の差があるのに‼（こんな素敵な年上女性と恋愛の「可能性」だけでもほの見えるなんて、普通、平凡な学生には起こりえない一大イベントだ）そんなわけで、ぼくは彼女のケータイ番号とメアドを聞き出し、次の約束をとりつけたのだった。言ってみれば、初めての〝正式な〟デートの約束を。

ぼくがそれからの1週間、彼女のスケッチが描かれた紙ナプキンを飽かず眺めながら過ごしたことは言うまでもない。ぼくらをつなぐ証。ぼくらを取り巻く宇宙の秘密が表された、暗号めいた図柄。しずくとすりばち。宇宙のカタチ。眠気をもよおす大学の講義にふいと意識を失い、次の瞬間、デートの約束を思い出す。ああ、週末がこんなに待ち遠しいなんて!!

講義3｜しずく形とすりばち形

光円錐の果てへと、どこまでもさかのぼっていくと？　実は、円錐状のまま大きくなっていくのではなく、こんな形になってしまいます（先端の「光円錐」の部分は、講義2のものより尖っていますが、これは横軸の大きさを便宜上変更したためです。人間側の都合でグラフの描き方を変えただけで、物理法則や光の速度が変わったわけではありませんので念のため！）。

これは講義1で示した宇宙図中の、しずくのような形そのものです。これを「しずく形」と呼びましょう。このしずく形の表面は、わたしたちが

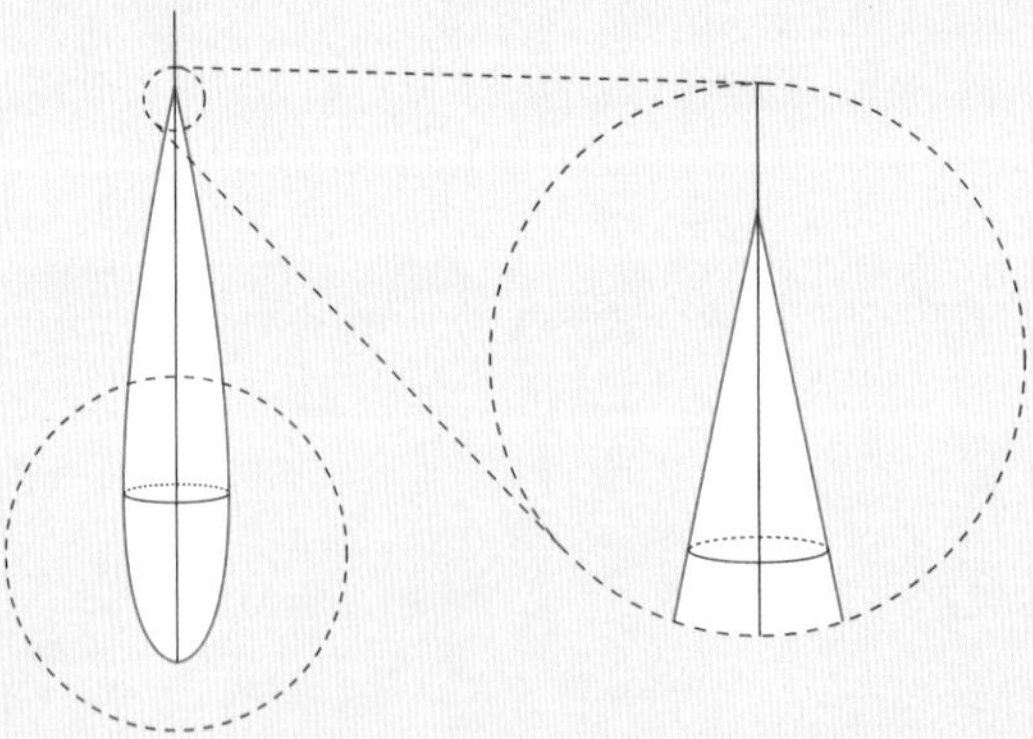

宇宙を観測したときに見える天体、およびその時代を表しています（講義2の光円錐の説明も参照してください）。

光円錐が、こうしてしずく形になってしまうのはなぜなのか。それは「わたしたちの住む宇宙の空間が膨張しているから」です。

説明のため、Aさんに再登場いただきましょう。Aさんが一定速度で歩いてくるなら、その動きを表す線は、どこまでも同じ傾きのはずです。ここで、ゆっくり逆行する「動く歩道」を道中に置いてみましょう。Aさんの歩行速度は時速5㎞。それに対して、動く歩道は時速3㎞で逆行しています。Aさんがわたしにたどりつくまでのグラフは、下の図のようになります。

では、今度は動く歩道ではなく、よく伸びる、巨大なゴムバンドでできた道にしてみましょう。ゴムの端を時速5㎞で引っ張り続けます。すると、グラフは次ページの上の図のようになります。直線ではなく、カーブになりました。

ではゴムの端を、Aさんの歩行速度よりも速い

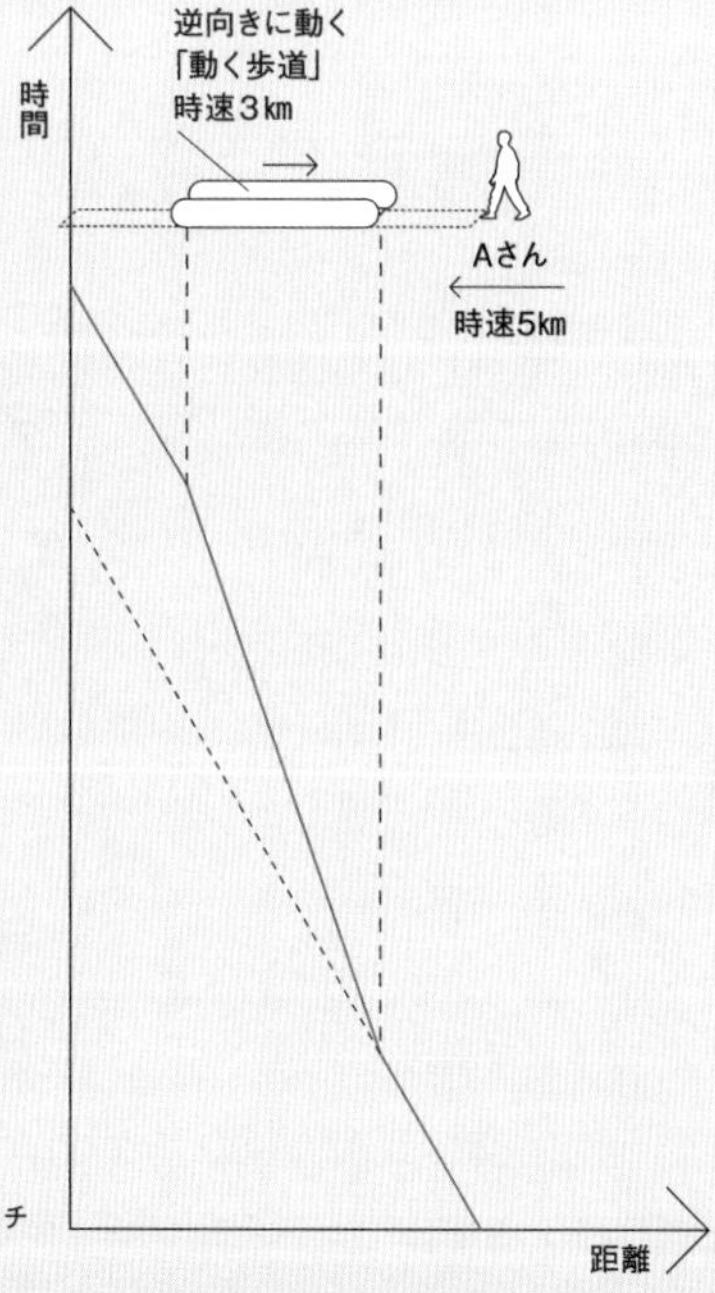

時速10㎞で引っ張ってみましょう。今度はグラフは下の図のようになります。

ゴムの道が引っ張られることで、Aさんはいったん目的地から遠ざかってしまいますが、Aさん

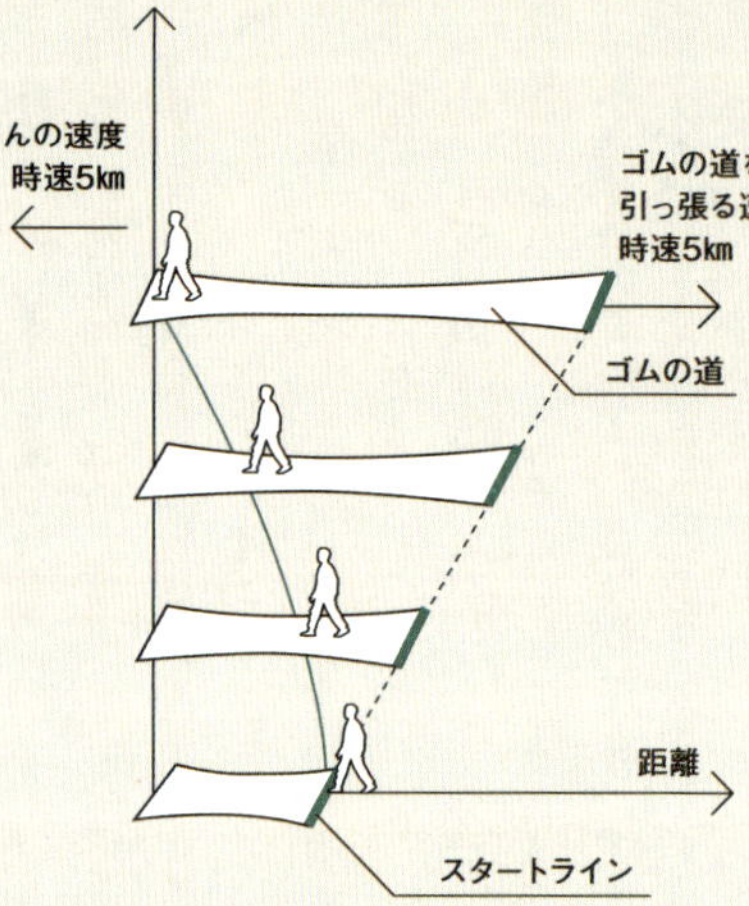

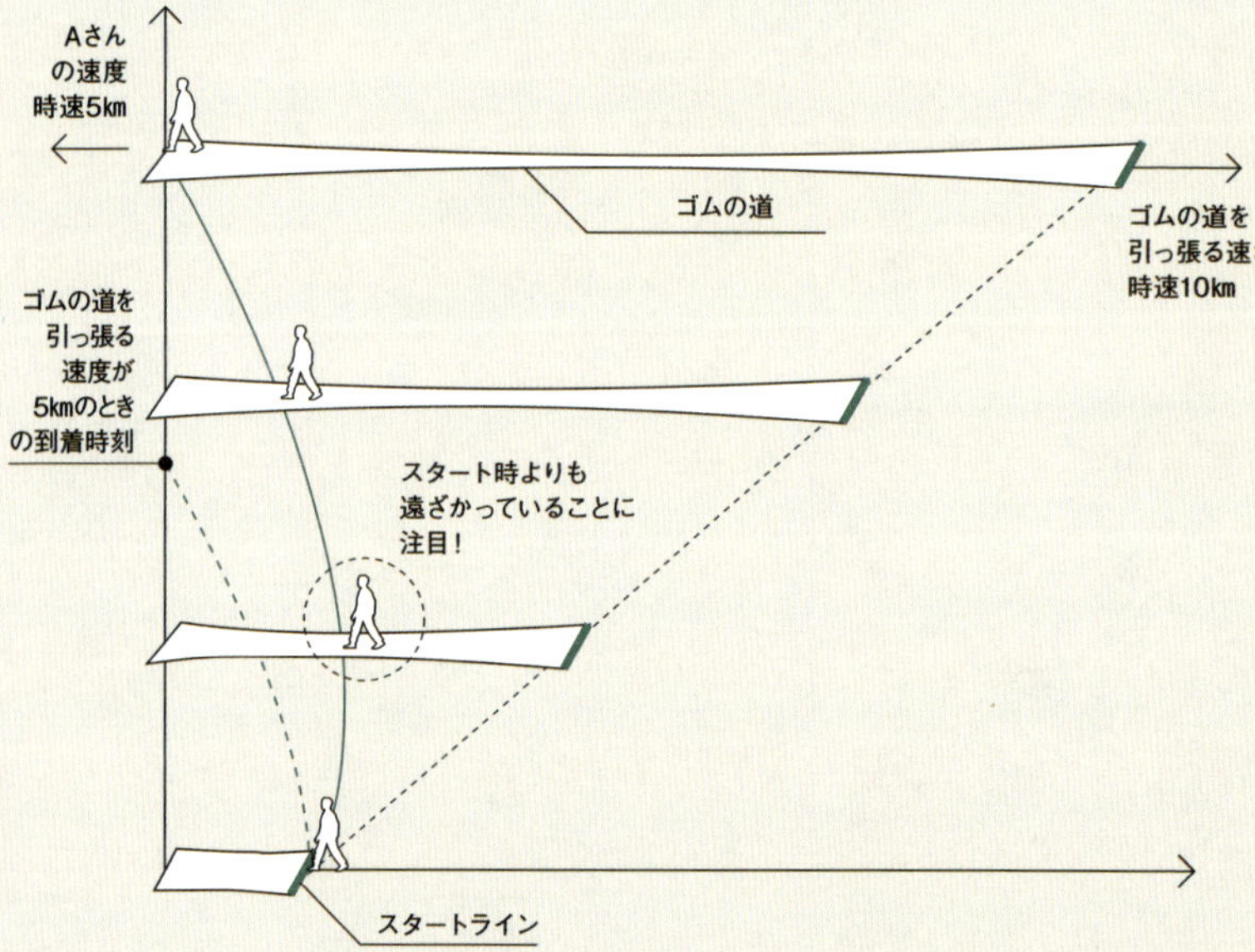

は一定速度で歩き続けるため、やがて目的地に近づき始め、そして到着することになります。その際、グラフから読み取れるように、Aさんが到着までにかかる時間も長くなっています。

この設定に、Bさん〜Zさんにもご参加いただきましょう（彼らはなぜ、執拗にわたしに迫ってくるのでしょうか。謎です）。

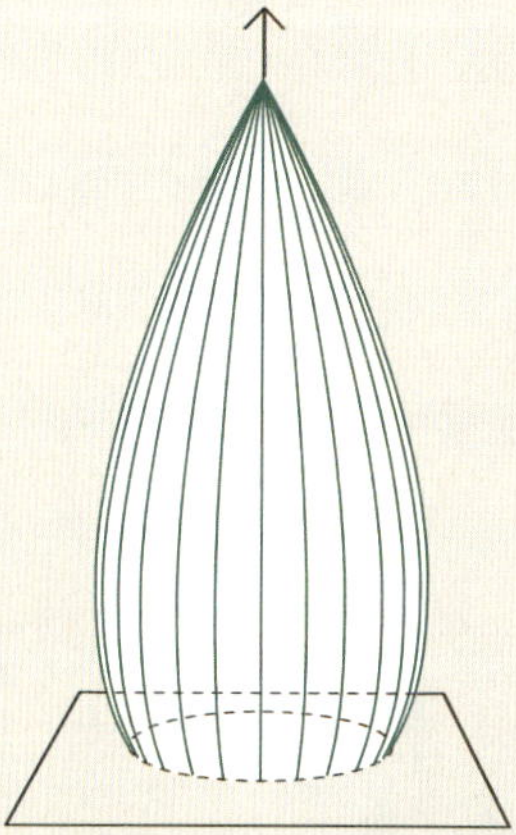

ご覧のように、しずくのような形になってきました！ 実は、宇宙図のしずく形は、このグラフにおけるAさん〜Zさんを「天体から放たれて地球に到達する光」に置き換えたものなのです。

さて、次は、宇宙図のもう一つの重要な要素である「すりばち」形を導き出してみましょう。講義1の宇宙図では、「次第に膨張していく宇宙空間」が、「すりばち」のような形で表されていました。これは実は、ここまでお話ししてきた「ゴムの道」に相当するのです。そこで今度はAさんではなく、ゴムの道の方に注目してみましょう。引っ張られたゴムの道の端がどのように動いていくかに注目してみてください。ゴムの道の伸びる速度を最初は減速して、途中から速度を変えずに伸ばすと、次ページの図のようになります。

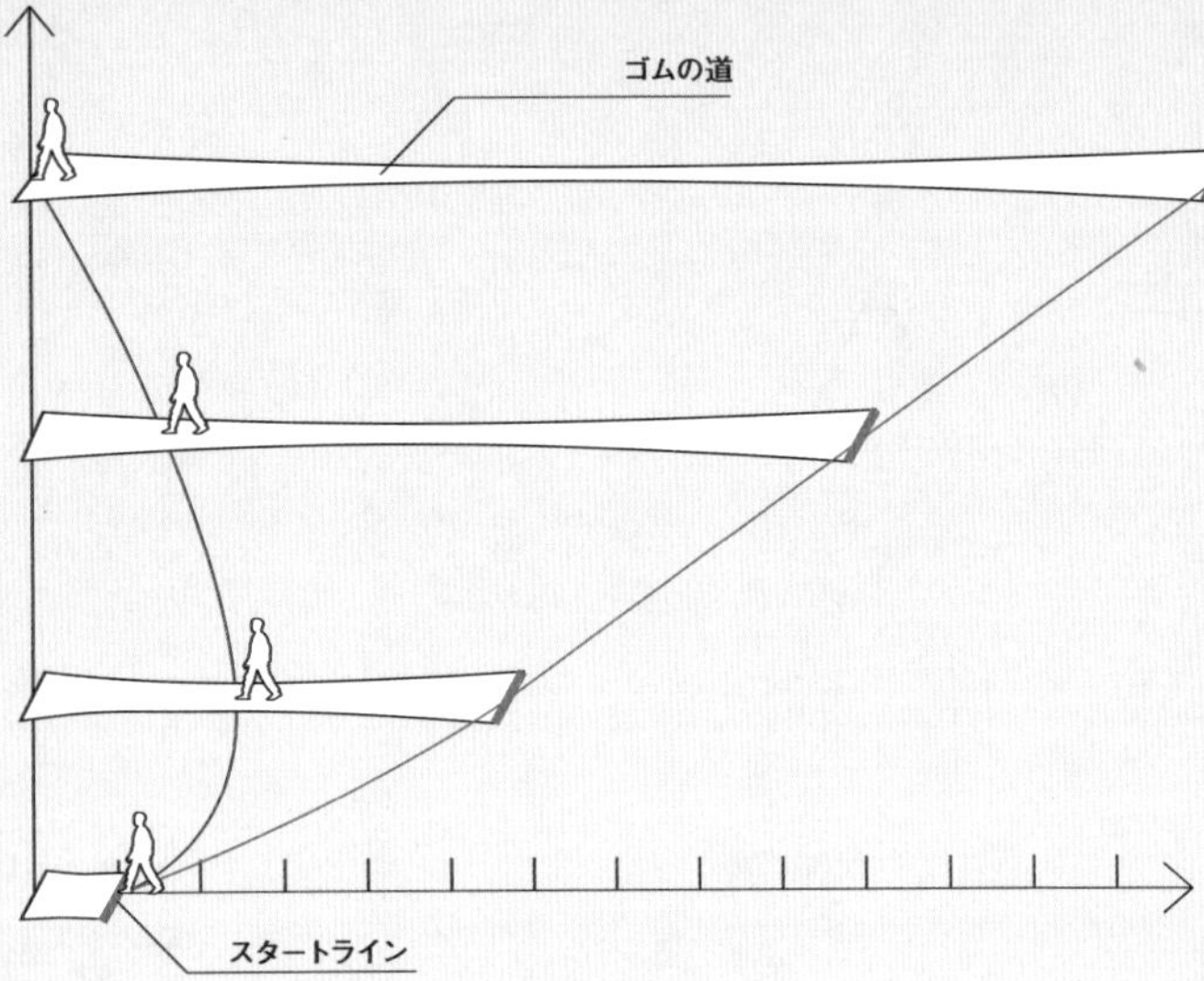

線を見やすくするため、Aさんとゴムの道の絵を省略します。

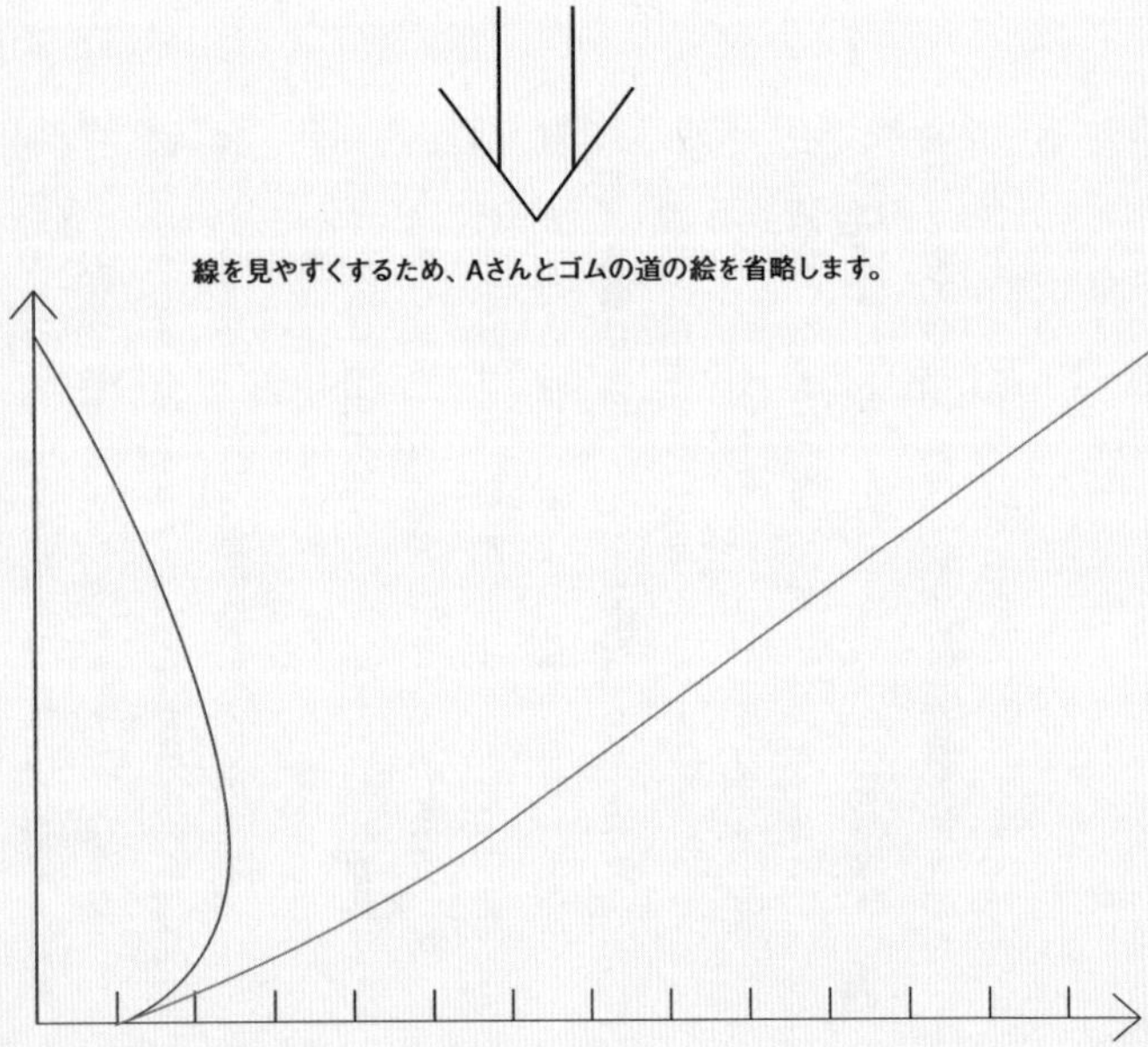

さらに見やすくするために、このグラフの横軸を約1／2に圧縮しましょう。すると左の図のようになります（わかりやすいように、距離を表す軸に目盛を描いています）。圧縮後のグラフでは、目盛が細かくなっていることに注目してください。もし目盛が変わらずに線の傾きが変わると、速度が変化したことになってしまいますが、目盛も圧縮されているので、グラフが表す内容はまったく変わっていません（講義冒頭でも同じような変形を行いましたが、いずれも「こっちの方が見やすいから」という、人間の側の勝手な都合です。情報さえ保存されていれば、グラフはいかようにも変形できるのです）。

このグラフを、例のAさん～Zさんにまたまたご登場願って、全員の歩いた軌跡を描き出します。すると左図のように「すりばち」に似た形が現れ

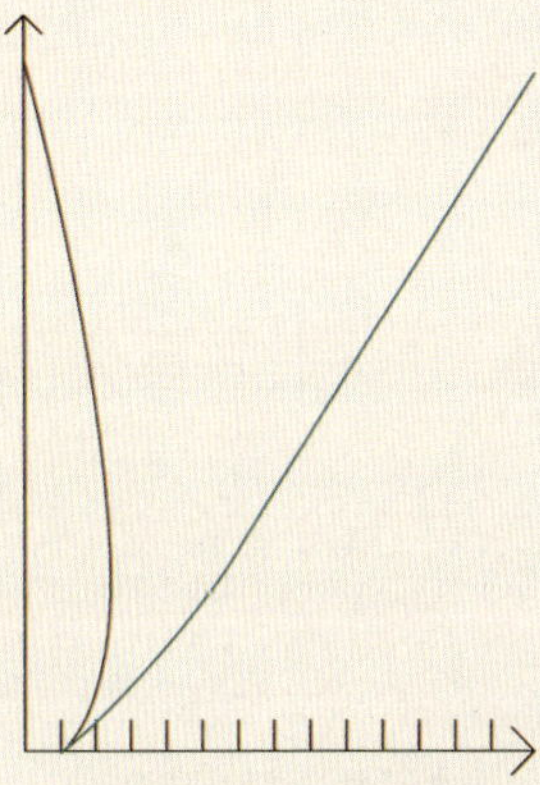

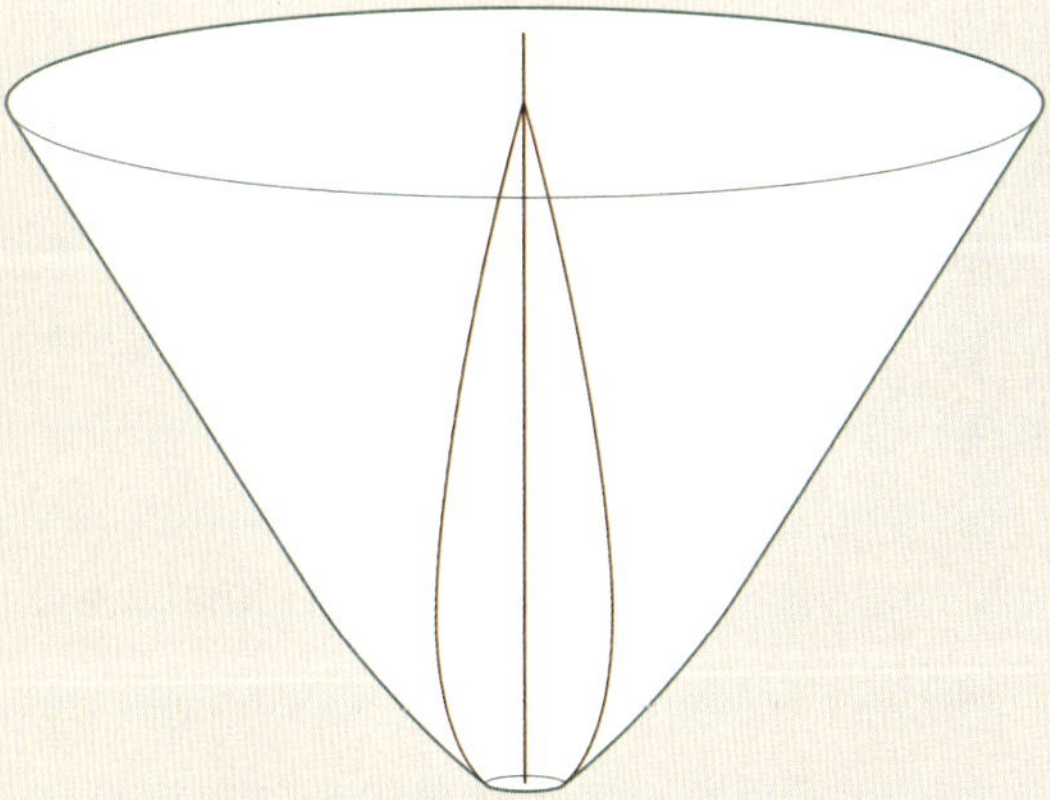

宇宙図

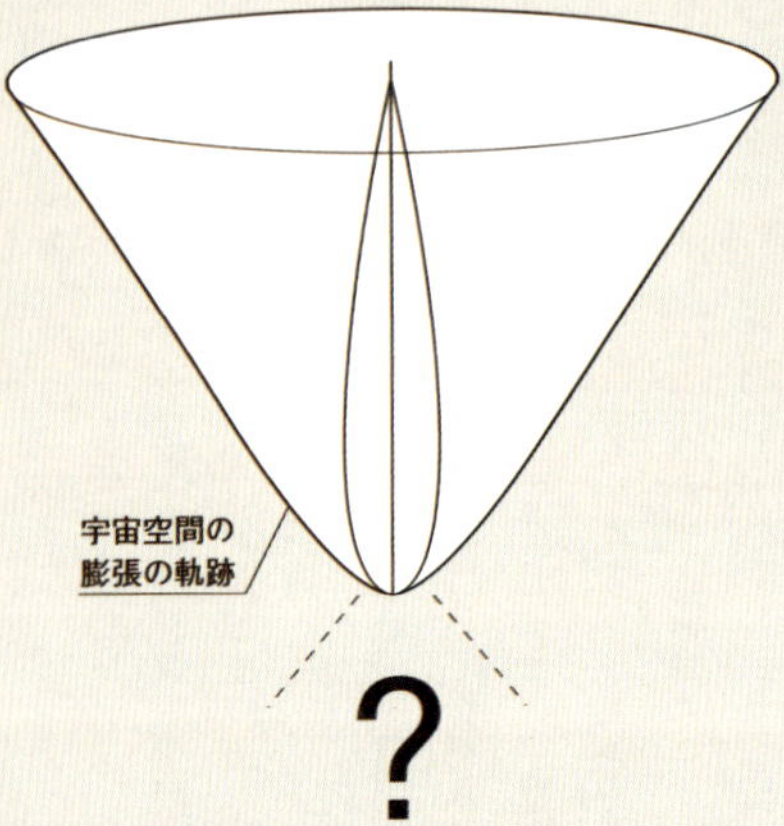

Aさん〜Zさんと
ゴムの道の軌跡

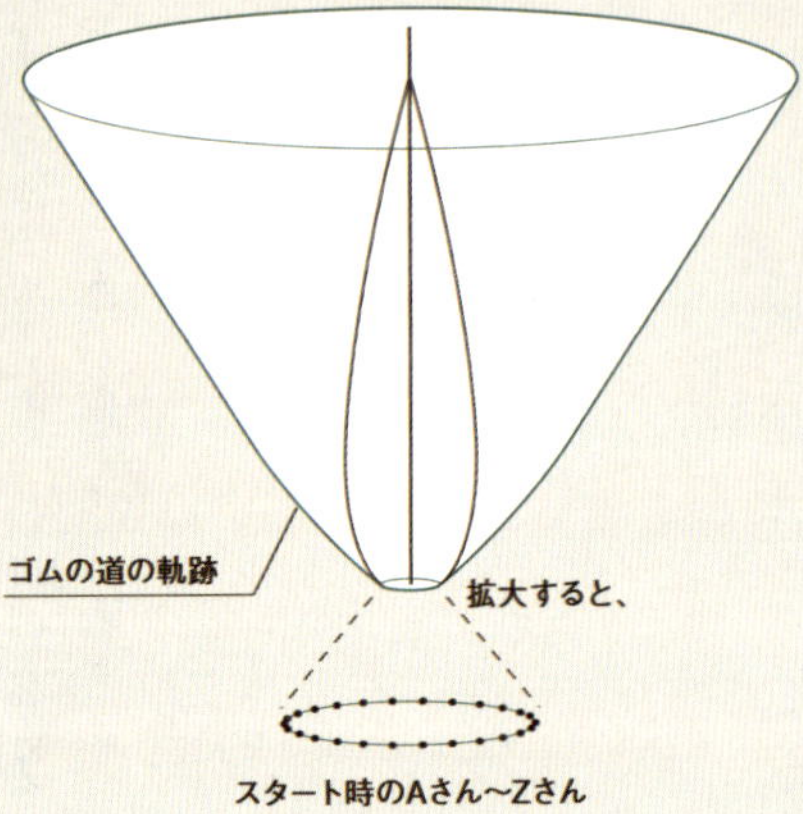

るわけです。

では、本物の宇宙図と比較してみましょう。宇宙図では、右のしずく形にはある一番下の円が見当たりません。この円はAさん〜Zさんのスタートラインでしたね。同時に、この円の半径は、ゴムの道の最初の長さも表していました。では、宇宙図のスタートラインはどうなっているのでしょうか。

この円は、実は宇宙図にもちゃんとあります。しかし小さすぎて見えないのです。宇宙図においてはこの円は半径4000万光年ほど。一番上の円盤の半径約470億光年に比べると、1000分の1以下です（どう

上の宇宙図の下端を100倍したもの

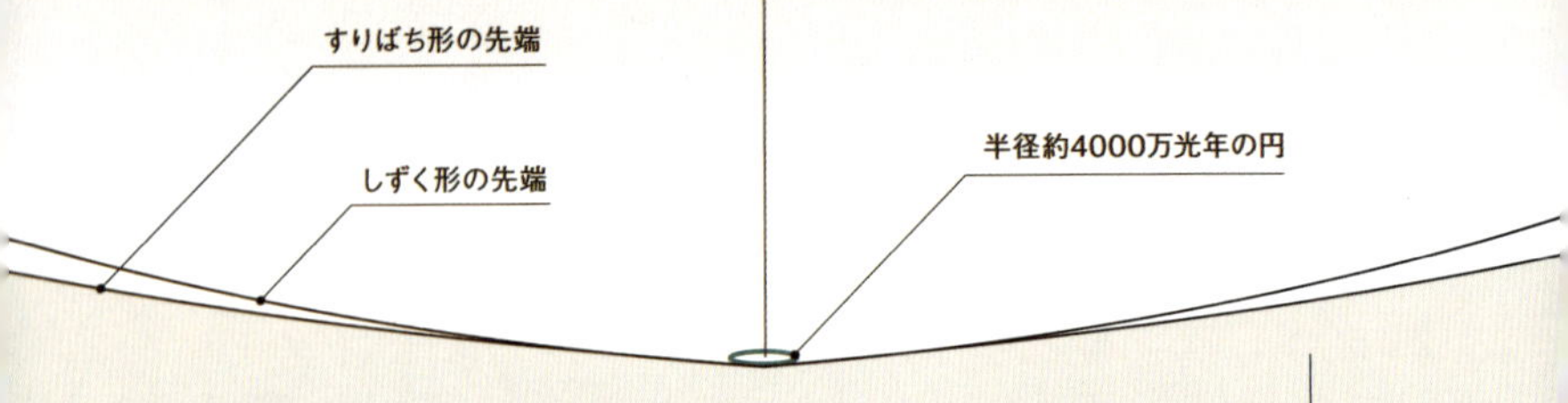

りで見えないわけです）。

しずく形の下端にあるこの小さな円を、〈わたしたちが観測できるもっとも古い光が放たれた空間〉と呼ぶことにしましょう。ここは、宇宙の始まりという大きな問題にかかわる部分です。この円形の部分の意味や、もってまわった呼び方の由来については、宇宙の始まりに迫る講義5にてご紹介しましょう。

すりばち形を（とりあえず）定義してみる

それではここで、宇宙図のすりばち形の意味を説明しましょう。これは、〈わたしたちが観測できるもっとも古い光が放たれた空間〉が、宇宙の膨張により、中心軸からどのように遠ざかっていったかを表しています……といきなり言われても、なにがなんだかわけがわからない！ですよね？このあたりのお話は、全講義を通してもややこしい部分なので、復習も交えながら、少しずつ説明していきましょう。

しずく形は、わたしたちの「宇宙への視界」

まず、しずく形の表面ですが、これは「今わたしたちに観測できる、全宇宙の天体」を表しているのでした。つまりこのしずく形は、わたしたちが宇宙に向ける「まなざしのかたち」とでもいえるでしょうか。

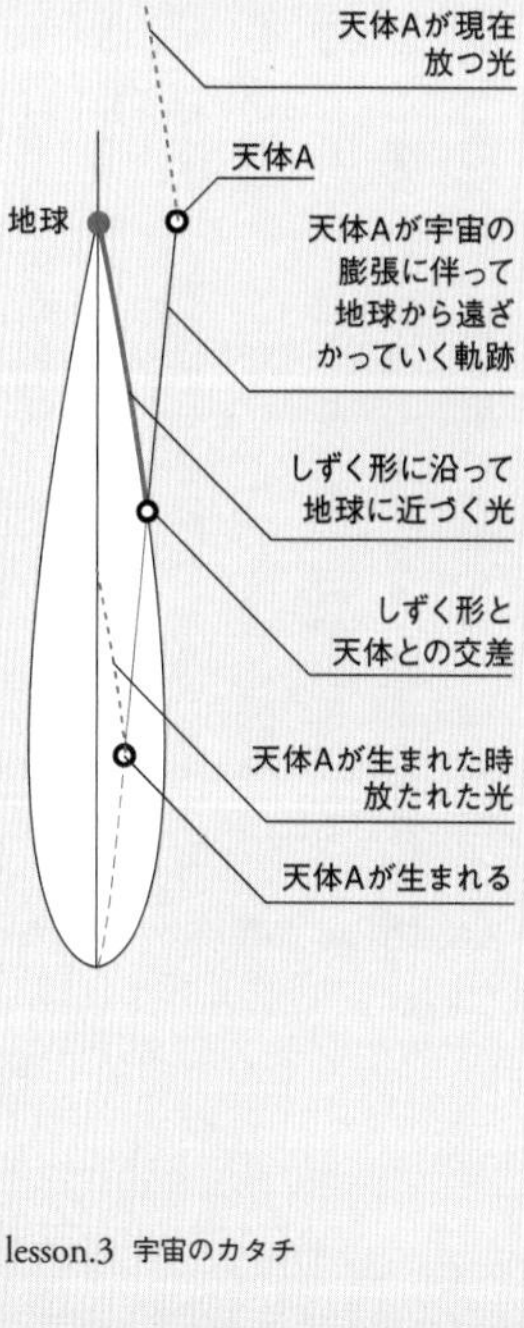

天体は、四方八方に自らの光を放ちます。その天体がしずく形と交差した時、光の一部は、しずく形の表面に沿って放たれます。

そしてその光がしずく形をたどるようにして地球に届いた時、わたしたちはその光を観測することが可能になるわけです。ですから逆にいえば、今わたしたちが観測することのできるすべての天体は、どこかの時点でしずく形と交差しているはずだ、ということになります。どの時点でしずく形と交差したかによって、光が地球に届くまでの時間は異なります。

すりばち形を埋めつくす、遠ざかる天体の軌跡

さて、地球には、しずく形を通過する際に放たれた、さまざまな時代からの天体からの光が届いているということがわかりました。では、しずく型の表面で光を放った天体自体は、どこから来て、そしてどこへ行ってしまったのでしょう。大局的に見れば、答えは以下の通りです。「天体は、しずく形の内部で生まれ、宇宙の膨張によって、やがてしずく形と交差した（この時点で放たれた光が、いずれ地球で観測されることになります）。宇宙の膨張によって、天体と天体の間は、互いに遠ざかりつつある。しかも、互いの距離が離れるほど、凄まじいスピードで遠ざかっている」。図で見るのが手っ取り早いのですが、宇宙図においては、こうした天体のふるまいは、すりばち形の内部の、無数の白い筋で表現されています。

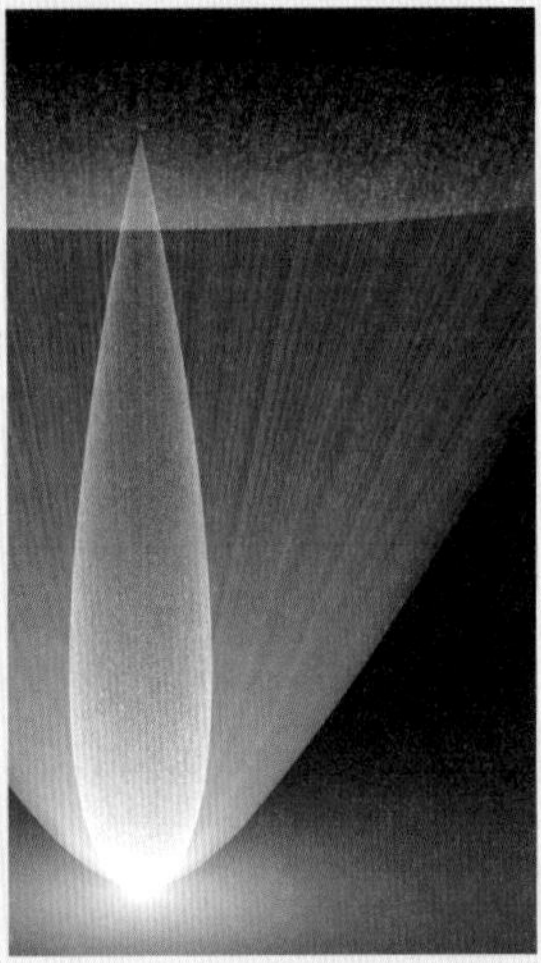

そしてその一番外側にある白い筋、つまりすりばち形の外形は、〈わたしたちが観測できるもっとも古い光が放たれた空間〉の軌跡となるのです。天体にはもちろん、しずく形の外側で生まれたものもたくさんあります。これらについても、追々説明していきましょう。

宇宙図の中心

宇宙図の中心軸は地球のある位置を示していますが、これは宇宙そのものの中心が地球なのではなく「観測によってかかわることのできる宇宙」において地球が中心になるということなのです。

もしも地球以外に、宇宙を観測できる知的生命体が住む惑星があるのならば、その惑星を中心に宇宙図が描かれるでしょう。

「見えるものがそこにない」宇宙の不思議

さてここで、日常感覚と「宇宙感覚（……なんて言葉はありませんが）」の違いに注意してみましょう。日常的には、見えるモノは、そこにあります。しかし宇宙規模になると、見えたモノがそこにあるとは限りません。天体はしずく形の表面において光を放ち、それが地球に届くことでわたしたちに観測できるようになります。しかしその天体は、観測された時点では既に、宇宙の膨張によって、光を放った地点（しずく形の表面のいずれかの地点）よりも、遥か彼方に遠ざかってしまっているのです。では、それは今、どこにあるのか？　答えは、実は、とてもシンプルです。

「今」は見えない。ただ、そこにある

その答えとは？　すりばち形のてっぺんは、きれいな円盤状になっているのが見て取れると思います。このグラフにおいては、横軸は「時間」を表すのでしたね。つまり、てっぺんの円盤は、まさに「今現在」を表しています。ですから、わたしたちがしずく形の表面上の光として観測するすべての天体は、「今現在」には、「すべて」この円盤上にあることになるのです（もちろん、一生を終えて宇宙に散ってしまった幾多の星々は例外です）。どうでしょう。とてもシンプルな答えではありませんか？　ただし、この円盤上の天体は、現在のわたしたちには見えません。宇宙的スケールにおいては、「今」は見えません。そこにあるだろうということが、観測と計算によって予測できるにすぎないのです。

今度は、２次元から３次元へ

講義2では、3次元を2次元に変換して表現する方法を紹介しました。宇宙図はそのように、本来は3次元であるものを2次元で表現することによって、宇宙の誕生から今日までの膨張のありさまを、１つの図に描き出しています。ではここで、任意の時代を取り出して、「2次元を3次元に復

すり鉢形としずく形が表す大きさの変化

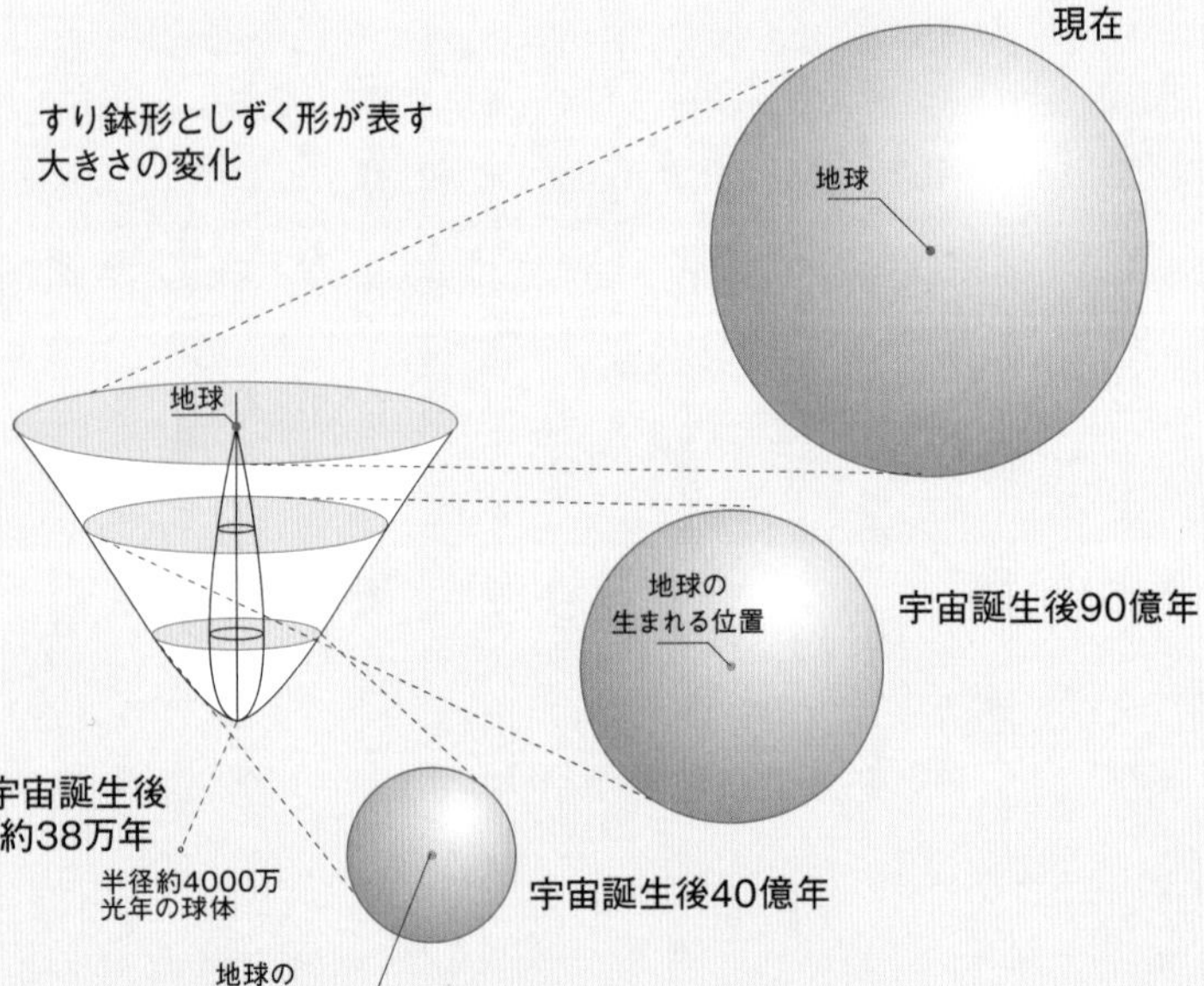

元する」という逆のプロセスをお見せしましょう。右ページの図からおわかりいただけるように、時間軸でスライスされる円盤の断面積は、それぞれが、本来は球体の体積ということになります。つまり、下方から上方に向けて断面積が広くなっていくこのすりばち形は、（わたしたちが観測できる限りにおいての）宇宙という球体が、どのように大きくなっていったかを示していることになるのです。

天体のふるまい、光の軌跡

では、すりばち形の中の天体は、どのようにふるまっているのか。そのうち、どれが観測でき、あるいはできないのか。いくつかの例を取り上げて、下の図で説明しましょう。

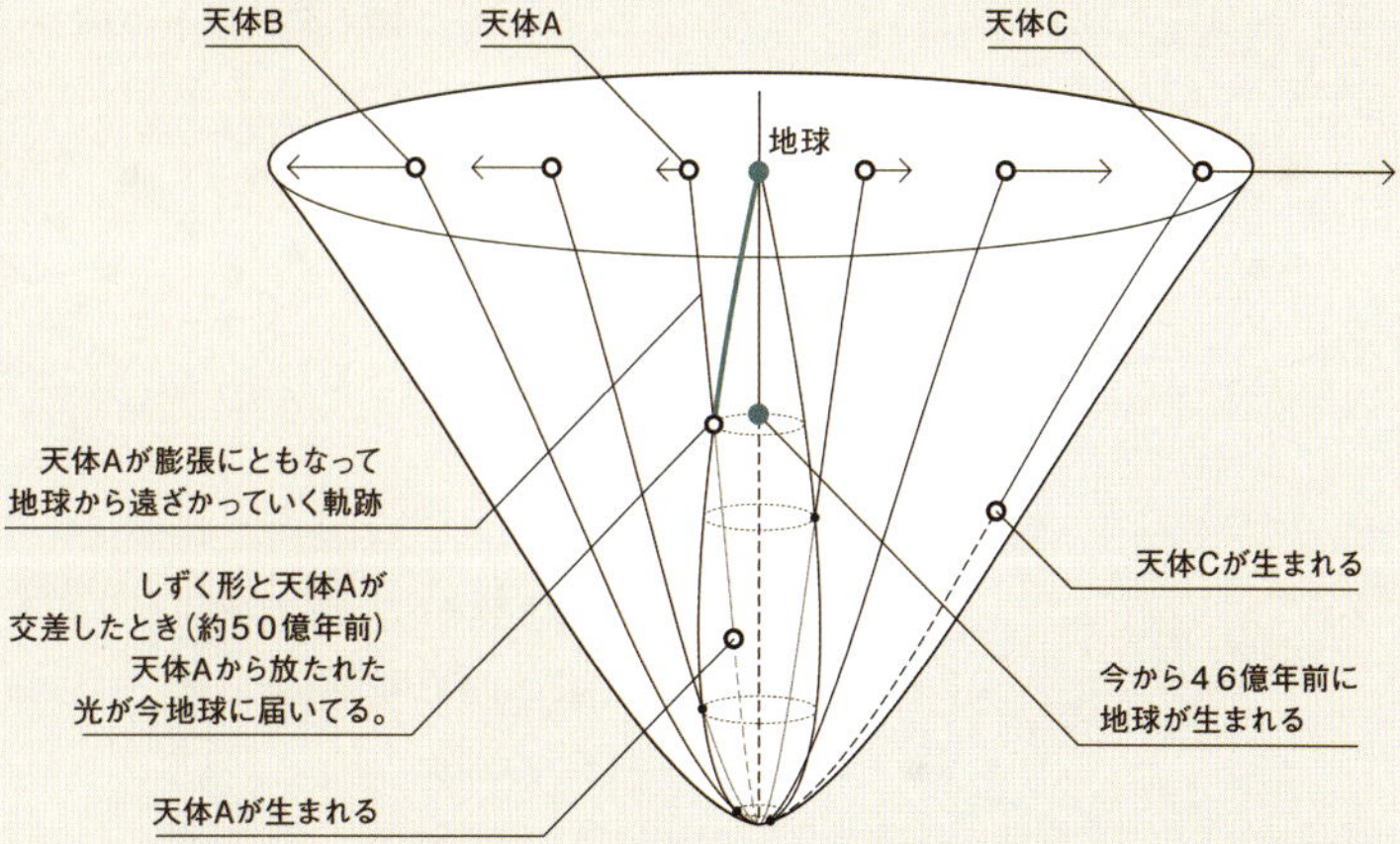

天体B
天体A
天体C
地球
天体Aが膨張にともなって
地球から遠ざかっていく軌跡
しずく形と天体Aが
交差したとき（約50億年前）
天体Aから放たれた
光が今地球に届いてる。
天体Aが生まれる
天体Cが生まれる
今から46億年前に
地球が生まれる

天体Aを例にとると、天体Aが生まれ、膨張にしたがって中心軸から遠ざかり、しずく形と交差する時点で放った光が、現在地球に届いている様子がわかります。つまり地球で見ることができる天体Aの姿は、実は約50億年前の姿であるわけです。

他の天体も同様に膨張によって遠ざかり、しずく形と交差する時点で放った光が、今地球に届いています。しかし天体Cについては、誕生以来一度も、しずく形と交差していません。そのため、地球からその姿を現在見ることはできません。ただし、天体Cが生まれた空間を過去にさかのぼっていくと、図では点線で示されているように、どこかでしずく形と交差することがわかります。

Aよりも、地球から遠い天体Bのほうが速く遠ざかっていることが見て取れます。これは宇宙の膨張が持っている性質の一つです。全体が均等に膨張していると、地球から遠い地点ほど、地球から速く遠ざかるのです。

ブドウパンの生地を想像してみてください。生地を焼くと膨らみますが、その膨張にともない、ブドウ同士は離れていきます。その中の1つのブドウに注目してみましょう。他のブドウとの距離の変化を考えてみると、遠い距離にあるブドウほど、速く離れていくことになります。同様に、天体も地球から遠いものほど、距離に比例して速く離れるのです。

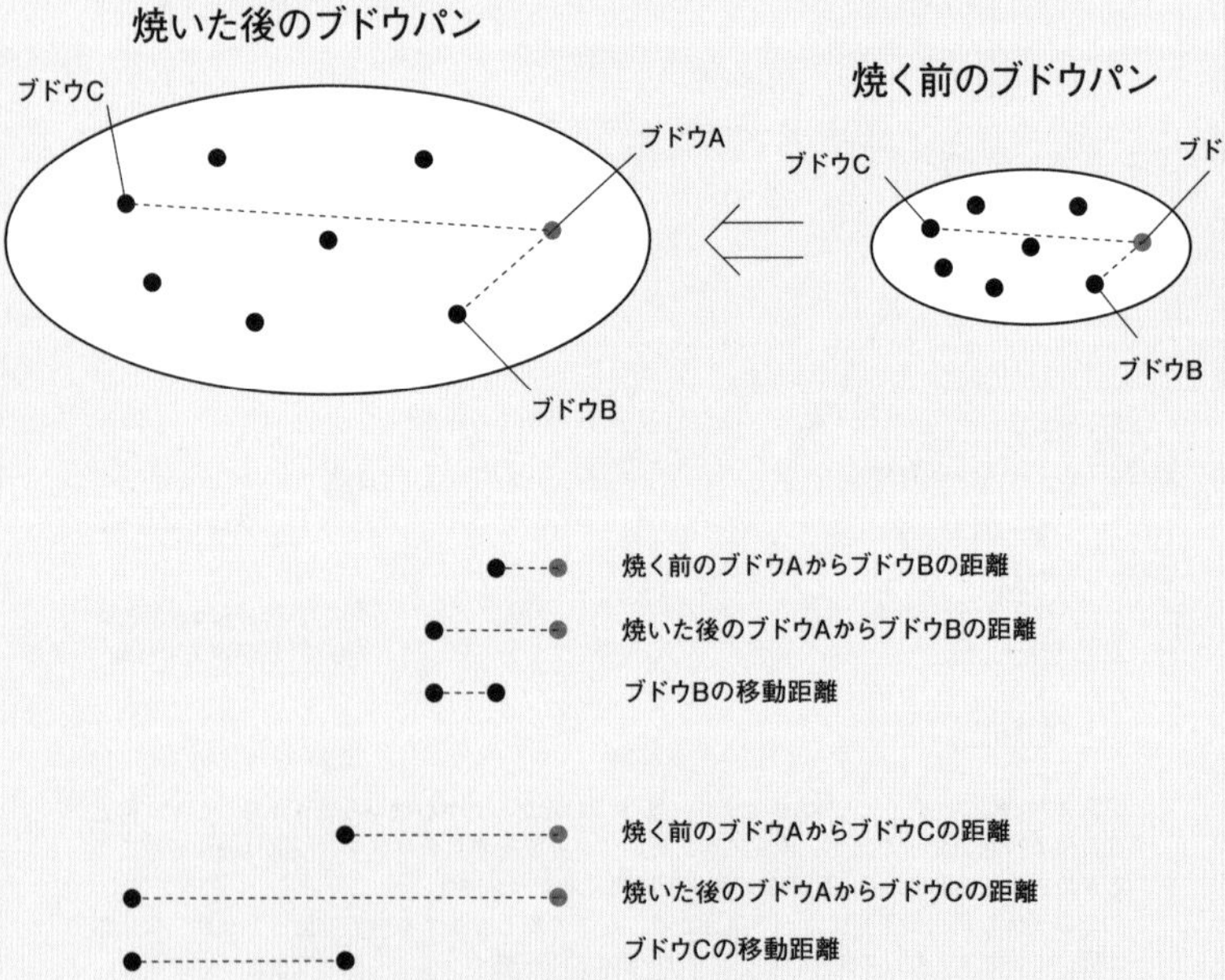

ブドウAから見た時の移動速度は
ブドウBよりもブドウCのほうが速い。

lesson.4

彼方

「宇宙の測り方って、ヘンテコリンじゃない？」

「ヘンテコリンなものを測ろうとしてるからかな」

想像も及ばぬほどに巨大で、今も膨張を続けている
宇宙のような存在を、どんな方法で測ることができるのでしょうか？
さらには、宇宙はいったいどこまで広がっているのでしょうか？
人間の眼は、宇宙の彼方にどこまで届くのでしょう。
いつの日にか、宇宙はその全貌を見せる時が来るのか。
それとも、決して手の届かない存在であり続けるのでしょうか？

なぜ宇宙を知りたいの？


「年の差？　そんなこと気にしてるわけ？」と、携帯電話の向こうでミミは言うのだった。

「いや、そういうわけじゃないけど……。そもそも、単なるデートだよ。誘われただけ」

「そんなこと言って、デートめっちゃ久しぶりでしょ。それよりも格好よ、格好。ちゃんとお洒落して行くんでしょうね!?」

「……」

「ぜっっったいに」と彼女は言う。「キメていくべきだよ。ギャップで魅せるの。あんたほら、いっつもそんな格好じゃん？」見えてないくせに、と自分を見下ろせば、スタスタのロンTにパーカ、部屋着用の楽なスウェットパンツ。「素材はいいんだからさ。年相応にびしっとキメて、その生意気な無造作ヘアー小僧をあっと言わせてやりなって。いいお店知ってるから、そこでコーディネートしよう」

　そんなわけで、わたしは我ながらいい女に変貌させられてしまったのだった。これでは、彼は見つけだせないんじゃないだろうか。恵比寿駅の改札の人込みの中で、いかにもデート待ちの女、という感じに見えているに違いないわたしは、そんなことをぼんやり考える。

「うっそ」

気が付くと、あんぐり口を開けた彼が、目の前に立っていた。

「すっごいカワイイじゃん。ほんとはお洒落さんだったんだ？」いちいちひっかかる物言いをするやつだ。

「あのね。いつものは、天体観察用のスタイル。寒いし、女一人だし、かわいかったら逆に困るでしょ？」

「いや、ごめんごめん。ギャップがすごいから。褒め言葉なんだってば。今日は、来てくれてありがとうございますっ!!」と、深々とおおげさに頭をさげる。

「ちょっと。やめなよ、恥ずかしいから。早く行こう」

彼は勢いよく姿勢をただしながら「了解！ちょっと歩くけど、いい店だから」

うす曇りの初夏の、雲間から射す弱い陽射しを受けながら、わたしたちは並んで歩き出す。

彼の歩幅は大きく、華奢なイメージのわりに、背は意外と高かった。わたしが高めのヒールのブーツを履いても、まだ彼の目線を見あげるかたちになる。駅から離れるにつれて人影はまばらになっていき、やがてわたしたちだけが、まっすぐな道を広尾方面に向けて歩いている。

「それ、マロリー？」

「そう」と、彼は胸を張って、厚手のブルゾンの下のTシャツのプリントを両手で広げてみせる。エヴェレストと登山男――ジョージ・マロリーだ――のイラストの上に、大きな文字で“Because It Is There.”とある。「よく知ってるね。おれの座右の銘なんだ」

――あなたはどうして、エヴェレストに挑むのですか？

――そこに、山があるから。

「だから、滑り台に駆けあがってきたんだ？」思い出したのか、彼がひとしきり笑う。大きな声で、実に屈託なく。笑いたい時にだけ笑う。そんな20年を生きてきたんじゃないだろうか。それはわたしにとって、少し羨ましいことだった。

「ね、それって記者の捏造で、本人の言葉じゃないかもしれないって説、知ってる？」

「知ってるよ。でも、それは関係ないんだ。コトバはコトバ。おれにとって、どういう意味を持つか。それだけなんだ」

ふうん、なるほどね。「じゃあ、日本語訳はどう思う？」

「元の英語の方が好きだな。だって、山のやの字も入ってないんだよ？　すごいカッコよくない？　人間って、理屈もなく引き寄せられるモノやコトってあるじゃん。それを生きざまに重ねて、たった4つの単語に凝縮してる。それに、色んなシチュエーションに応用が利くんだよね、このフレーズ」

「例えば、なぜあなたが急に宇宙に興味を持ち出したか、とか？」

「きっついなあ」くくくと小声で笑う。「でも、その通り。そこにキョウコちゃんがいたから。頭上に宇宙があったから。ビコーズ・イット・イズ・ゼア。『あるから。』この4文字。理屈じゃないんだ」

「どうしてあなたは、宇宙のことを知りたいの？」

「え？ 真剣な質問ってこと？」しばらく彼は、押し黙ったまま歩く。

「おれさ……」声のトーンが、なんだかちょっと変わった。人気のない通りに、彼のスニーカーと、わたしのショートブーツの靴音だけが響いている。

「……兄貴の顔、知らないんだよね。名前も」

突然の話題に、わたしは面食らう。

「生まれてすぐに亡くなったんだって。双子の片方が亡くなるのって、珍しいことじゃないらしいね。ずっとおれ、一人っ子だと思いながら育ったんだけど、ある日、親戚のおばちゃんが口をすべらせちまってさ」彼は一瞬だけ顔をしかめるようにすると、再び話し出す。

「多感な頃だったから、生まれてからずっと騙されてたような気がしちゃって。おれバカだから、カッとなって母親を責めたんだよね。そしたら、なんだかさめざめと泣かれちゃってさ。こっちが驚いたよ、人前で泣いたことなんてないお袋なのに。あんたはこの世界に選ばれて生まれて来てくれたんだ。幸せ者なんだ、あの子の分までずっと生きるんだって。あんたのお兄ちゃんはお星さまになったんだって、黙り込んでるおれの前で泣くわけよ。名前も聞けなかったよ、付けてたかどうかわかんないけど。それ以来お袋とは、この話はしてない。

そんなこんなでさ、おれは星空を見あげる時に、今でもふと思うことがあるんだ。なぜ兄貴でなくておれの方が選ばれたのか、それには理由があるはずだ……宇宙には、人には理解できないなにか摂理のようなものがあるんじゃないのかって。それを〝神〟や〝運命〟と呼ぶのかどうかは、また別の話だけど」

予想もしていなかった話に、少なからず動揺してしまう。こういう場合、人はどんな言葉を返せばいいのだろう？「……お母様のこと、今でも怒っているの？」

「いやいやまさか。多少、心の整理はしたけどさ。それに受験勉強のおかげで、昔よりは、宇宙を科学的に見るすべを学んだよ」と彼は笑った。

「宇宙はおれたちの頭上を覆う単なる書き割りみたいなもんじゃなくて、どこまでも広がる圧倒的な現実だ。でさ、そのどこかでおれは、なにかの意味で兄貴とつながってんじゃないかと、ちょっとだけ思ってるんだ」

ここまで話すと、急に彼は大きな声になる。「いや、ごめん。なんかヘンなこと話しちゃって……てか、キョウコちゃんのせいじゃん。言っとくけどおれ、オカルトとか、そっち系の人じゃないからね。おれが言いたかったのは、なんかもっとこう……目には見えない人生の真実っていうか、宇宙のルールとか、そういう……ヤバイ。話せば話すほど墓穴掘ってる⁉」

わたしは衝動的に、この手とすれちがう彼の手を受け止めて握りしめたい、その感触を、指や手の平で確かめてみたいと思った。彼はふいに目の前の角を曲がって視線から消え、わたしが追いかけると、立ち止まってこちらに微笑みかけている。

「はい、着いたよ。階段のぼって2階ね」そして、大きな木製のドアを開けてくれる。

宇宙の測り方

彼のイチオシだという、クレープシュゼットとカルバドスのセットをお揃いで頼み、日曜の午後、わたしたちは今までになくいろんな話をしている。趣味。今やっていること。休日の過ごし方。最近観た映画。とろけるようなクレープのおいしさ。恋愛の話だけを注意深く回避しながら、ぐるぐると旋回して、やがて話題は宇宙に帰ってくる。

「……でさ。キョウコちゃん、怒ってたじゃん。宇宙の距離がめちゃくちゃだって」

「いや」と思わず笑ってしまう。「じゃなくって、宇宙の距離の認識に関して、誤解が蔓延してるってこと。入門書でもおろそかにされがちだし」

「それ、聞かせてくれない？」

やっぱりそうきたか。これ、面白い話なんだけど、学生に説明しても、なかなかわかってもらえないんだよな。宇宙の話って、わかるとすごく面白い。わからないと、やたら難しい。

「光年の定義、知ってる？」

「えーっと、光が1年に進む速さ、だよね？」

「光速度は一定だから、長さの単位に使える。みんな、そこまではわかってくれるんだよね……」

「えっ、こっからが大変なの⁉」

「まあね。宇宙規模になると『見る』っていう常識がひっくり返るでしょ？『測る』時にも、そんなことが起こるの」

「ってことはつまり、面白そうってことだ」と、身を乗り出してくる。意外と見所があるのかも、と、講師のわたしが顔を出す。

「よし、じゃあ新しい言葉を2つ導入してみよう。cosmological proper distanceと、light travel distance」

「うわっ、いきなり横文字？　しかもネイティブ発音!?」

「仕方がないでしょ。特にlight travel distanceなんて、まともに訳語も定着していないような お寒い状況なんだから。ここではとりあえず『光行時間距離』とでも訳そうか。そしてcosmological proper distanceは『宇宙論的固有距離』と訳そう。どちらも単位は光年だけど、考え方が違う」

「おれの頭が容量オーバーになる前に、説明が終わることを願ってます」

「大丈夫だよ、わかれば簡単だから」わかれば簡単なのは、当たり前だ。

「まず『宇宙論的固有距離』からね。これは簡単、普段の距離概念と似ているから。まずここに、宇宙の膨張がない、特殊な空間があるとしよう。これは必要な仮定だと思って、まずは丸呑みしておいて。その場所で、光が10億年かけて進む距離を測って、全長10億光年のモノサシを作る」

「無理だよ、そりゃあ」

「仮定だよ、ただの。夢がないなあ。で、そのモノサシの一端を、地球にぴったり当てる。もう一端までの長さは？」

「10億光年じゃん」

「うん、それが『宇宙論的固有距離』の、10億光年」

「なんか当たり前に聞こえるけど、了解」

「じゃあ次、『光行時間距離』ね。これは文字通り、光の速さに時間をかけたもの。つまり、10億年かけて光が進んできた距離ね」

「それって、さっきおれが言った光年の定義のまんまじゃん」

「じゃあ、『宇宙論的固有距離』と『光行時間距離』の10億光年は、同じってことだ」

「そうなるね」

「ほうら、ひっかかった」

「ええっ⁉ なにそれ、感じ悪っ‼」

「まあまあ、落ち着いて考えようよ。問題は『光行時間距離』の方。光の速度って有限だよね？」

「うん」

「ということは、最初にモノサシで測った10億光年の距離を光が旅して来るには、ある程度の時間がかかるよね？」

「ある程度っていうか、当然10億年じゃないの？」

「ところが、そうじゃないんだな」

「なんで？」

「光が一生懸命、光の速さで地球に向かって来る間にも、宇宙は膨張……」

「あ、ひょっとしてっ!?」

「わかった？」

「……ゴメン。やっぱわかんない」

わたしは吹き出してしまう。これは天然だ、多分。「いい？　つなげて話すよ。光は、宇宙論的固有距離にして10億光年の距離から、地球にやって来ようとする。でもその間にも宇宙はどんどん膨張するから、光はそれに逆らって進まなければならない」

「あ、それってアレだ……ほら……動く歩道を一生懸命逆向きに歩いてる、イタズラ好きの子ども、みたいな!?」

「そうね」思わずまた笑う。「あなたの比喩、秀逸だわ。つまり、光が放たれた時、始点から地球までモノサシで10億光年だったとしても、実際には動く歩道に逆らうように進むわけだから、より長い距離を進まないと地球に着けない。光の立場からは、その道のりは15億光年にも、20億光年にもなってしまうかもしれない。そしてこの、光の立場で距離を測る方法を、光行時間距離というの。どう、OK？」

「OK、と言いたいけれど、ダメっす。宇宙を測る方法が2つあるのはわかった。でも、なんで2つあるのか意味わかんないし、2つの関係がぜんぜんわかんない。例えばさ、インチとセンチメートルみたいに換算できるとか？」

「それが、そう簡単じゃないのよ。宇宙論的固有距離は、ある瞬間の宇宙を止めて、その間にモノサシをあてがうイメージ。それに対して光行時間距離は、宇宙に光を走らせて、そこでかかった時間から距離を割り出すイメージ。そんな風に根本的なアプローチが違うから、折りあいをつけることがけっこう難しいの」

「ふーん。そういうもんだって、割り切るしかないわけ？」

「でもね、まったく違う2つの距離概念だけど、『どっちで測っても10億光年』っていうケースだって、ないわけじゃないのよ」

「え？　どんな時？」

「この宇宙が、膨張していない時」

彼はしばらく考え込む。わたしは、誰かが考えている時に待つのには、仕事柄、そこそこ馴れている。

「……それって、当たり前じゃないの？　膨張のない空間でつくった、10億光年のモノサシ。膨張のない空間で、光が10億年かけて走った距離。そりゃあ、両方とも10億光年だ」

「でしょ？　そういうことなの。でも現実にはこの宇宙は膨張しているから、2つの距離の持っている概念の違いが、こんなに不思議な乖離を生んでしまうの」

「ははあ……あのさ、しずくとすりばちの時も思ったけど、膨張って、つくづく不思議な現象だね」

「そうなの。そのおかげで、2つはまったく違う距離概念になっている。取扱注意の、別物なの。例えば、宇宙論的固有距離のつもりで、光行時間距離で書いてある文章を読んじゃったりすると、大変なことになる!!」

「いや、そんな力まなくったって。ていうか、どっちも記述に『光年』を使うわけでしょ？その文章がどっちの距離概念で書いてあるのか、どうやって見分けんの？」

「書いた人に聞いてみたら？」

「そんな投げやりな」

「いや、本当にそんなレベルなんだってば。その辺、よく区別しないで書いてある雑誌の記事なんて、けっこうあるんだから」

「はあ、そうなんだ……。勉強になりました。でも、なんでそんなヘンテコリンなことになってんの、宇宙の測り方って?」

「宇宙がヘンテコリンだからじゃない?」

「……キョウコちゃんって、ヘンテコリンだよね」

「わたしの話についてくるあなたも相当ヘンテコリン」

見える宇宙、見えない宇宙

スイーツだけのつもりが、そのままのんびり居座ってしまった。わたしたちは晩ご飯までも平らげて、コーヒーでくつろいでいる。キャンドルの灯りが揺れて、二人の間を暖かい橙色で照らし出す。洗いざらい、お互いのことを話し切って一息ついている、そんな親密な空間。どうやらわたしには、まだデートを楽しむ能力が残っていたようだ。

年の差なんて関係ない、か。ミミの言葉を思い出す。彼には、確かに魅力的なところがある。快活でオープンだ。一緒にいて楽しい。ナイーブなところも感じるけれど、それは年齢なりのまっすぐさや繊細さなのかもしれない。顔と声は、意外と好みだ。それに指のかたちと、襟ぐりから見える鎖骨がキレイだ。

いつの間にか、彼の良さを数えあげている。これまで、年下男がカワイイって感覚がわからなかったけれど。一人の男のコが、頭にくるほど生意気で、かつ、抱きしめたくなるほど素直であることって、こんなにも簡単に両立するものだったのか。

「どうしたの？　目が遠くに行ってる」

「ん？　ああ。おいしかったなあ、って」

「でしょ？　また来ようよ。……ね、さっき、後で説明するって言ってた話」

「そうだった。腹ごなしに、頭の体操をしよう」よりによって、学生だなんて。講師の役割だったら、楽勝なんだけれど。

「今までのまとめを兼ねて、〝3つの宇宙〟の話をしてみたいんだ」と、紙ナプキンに宇宙図を描く。

「さっき、〝宇宙で使われる2種類の距離〟について説明したでしょ？　で、この宇宙図は、宇宙論的固有距離に基づいて描かれてるのね。つまり、わたしたちが日常的に使う距離の概念で、すごく素直に描かれている。この図から、中心に描かれたわたしたち人間にとって、宇宙は大きく3つの考え方に分けられることがわかる。グラフ上ではそれは、大きさやカタチで表現されている」

「ハイ！　当ててみます」

「どうぞ」

「1つは、おれたち人間が今この瞬間に観測できる全宇宙。すなわち、しずく形の表面」

「当たり」

「2つ目は、そのしずく形から計算で導き出された、直接観測はできないけど、宇宙がそういう軌跡を描いて膨張していったであろう、すりばち状の形」

「ピンポン」

「3つ目は、えーと3つ目は。……スミマセン先生、わかりません！」

「正解」

「え？」

「よくできました。3つ目はね、わたしにも、世界中の誰にもわからない。宇宙図の、外側全部のこと。これは比較的最近に提唱された〝インフレーション理論〟とも関係するんだけど、極小から生まれた宇宙は、現在ではその全体像がどうなっているのか、正確なところは誰にもわからない。その中で今、人間の科学が観測を通じてかかわりうる限界が、このすりばち形。宇宙論的固有距離によれば、半径は約470億光年。端の方は今、光速の3倍以上で地球から遠ざかっている計算になるね。そしてその外側は……謎に包まれている。現在の宇宙物理学による、もっとも合理的だと考えられる結論は、宇宙には、おそらく果てはないだろう、というもの」

「ええっ⁉……それが宇宙の3大疑問の答えの1つ？　果てがない、って、答えになってんの？　ぜんぜんイメージできないんだけど」

「それはね……」

ちょうどその時、窓際にいたカップルが席を立った。二人で狭い木造の階段を下りていく。お昼に来た時みたいに、部屋はまた、わたしたちだけになる。視界からギシギシ足音を残して消えていくカップルを見送るわたしは、説明を中断し、なにも言わないで、なにかを待っている。いつの間にか、お店のＢＧＭは途絶えていた。

「夜に貸し切り状態になるなんて」彼が身を寄せてきて、耳元でささやく。「……めったにないんだよ」二人きりだというのに、なぜだかヒソヒソ声。

「ね、これってチャンスかな？」

「なんの？」

「ホラ……その……」

恋愛にはごく自然な流れというものがあって、それはお互いの了解で進む暗黙のゲームみたいなものだ。少なくとも、わたしにとっては。問題は、28歳女は、20歳男のアプローチを待ち続けるか、それともリードしてあげるべきなのか、ということ。

奇妙な間の後で、彼はゆっくりと上体を傾け、わたしのくちびるに、遠慮がちにくちびるで触れる。もう一度。そしてもう一度、小刻みに。……エサをついばむ小鳥？ 風変わりなキスから生まれた連想に、こらえきれずに小さく笑い出してしまう。

首を引っ込め、心外そうな顔で何かを言おうとした彼の口を、今度はわたしがふさぐ。

「場所、変えようよ」口移しにささやく。

「……心あたり、あるよ。ちょっと歩くけど」

「あのね。タクシーって言葉、知ってる？」

講義4　観測できる宇宙の大きさ

科学の指先が触れる限界「光の粒子的地平面」

講義3でご説明した、すりばち形上面の円盤のフチは「光の粒子的地平面」と呼ばれます。「光の粒子的地平面」は、光によってわたしたちが地球から観測できる限界となる面です。この面までの距離は、〈わたしたちが観測できるもっとも古い光が放たれた空間〉が、膨張によって地球から遠ざかった結果、今現在、地球からどれだけ離れているかを表しています。現在この距離は、地球から現在約470億光年程度と考えられています。

また一方、宇宙の年齢は約137億年と推測されます。進んだ距離を時間で割れば速度が出ますから、470億光年÷137億年＝約3.4。つまり、〈わたしたちが観測できるもっとも古い光が放たれた空間〉は、平均でも光速の3倍以上で地球か

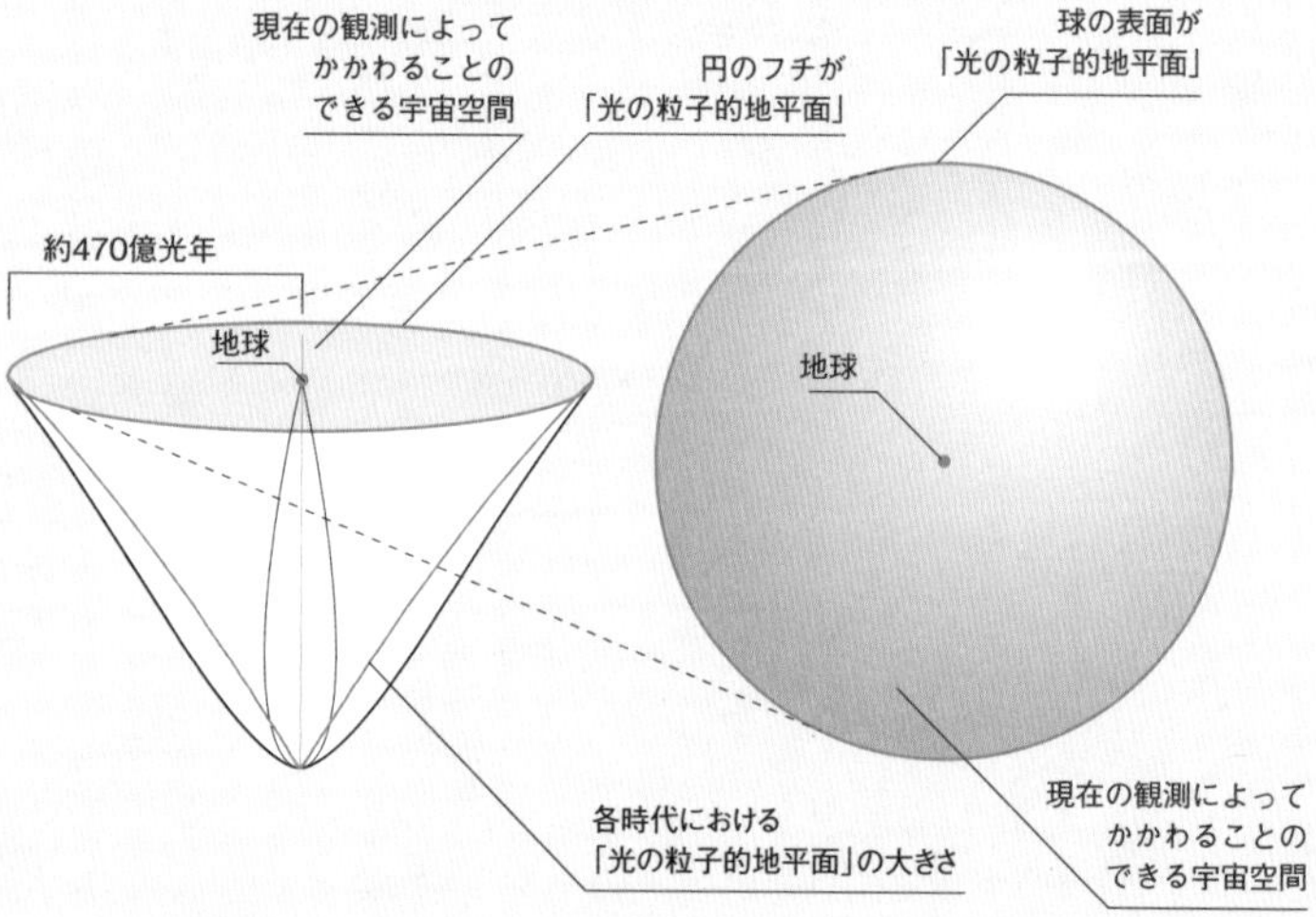

ら遠ざかってきたと考えられます。そして今現在も遠ざかり続けるまさにその地点が、科学がせいいっぱい指先を伸ばして触れられる宇宙の限界、というわけです。

光速を超えて遠ざかる天体は観測できない？

「宇宙はどこまで見えるのか」という問いへの答えとして、「天体が光速を超えて遠ざかる場合には、その天体は観測できない」という説明がよく見られます。しかしこの説明は事実と反しています。宇宙図を見れば、光速を超えて遠ざかる天体も観測できるものがあることがわかります。

しずく形をみてみましょう。その表面は「わたしたちがいま観測できる宇宙」です。この表面を3つに分割します。まず、しずく形の一番太い部分より上（A）、それから一番太い部分（B）、そして一番太い部分よりも下（C）です。

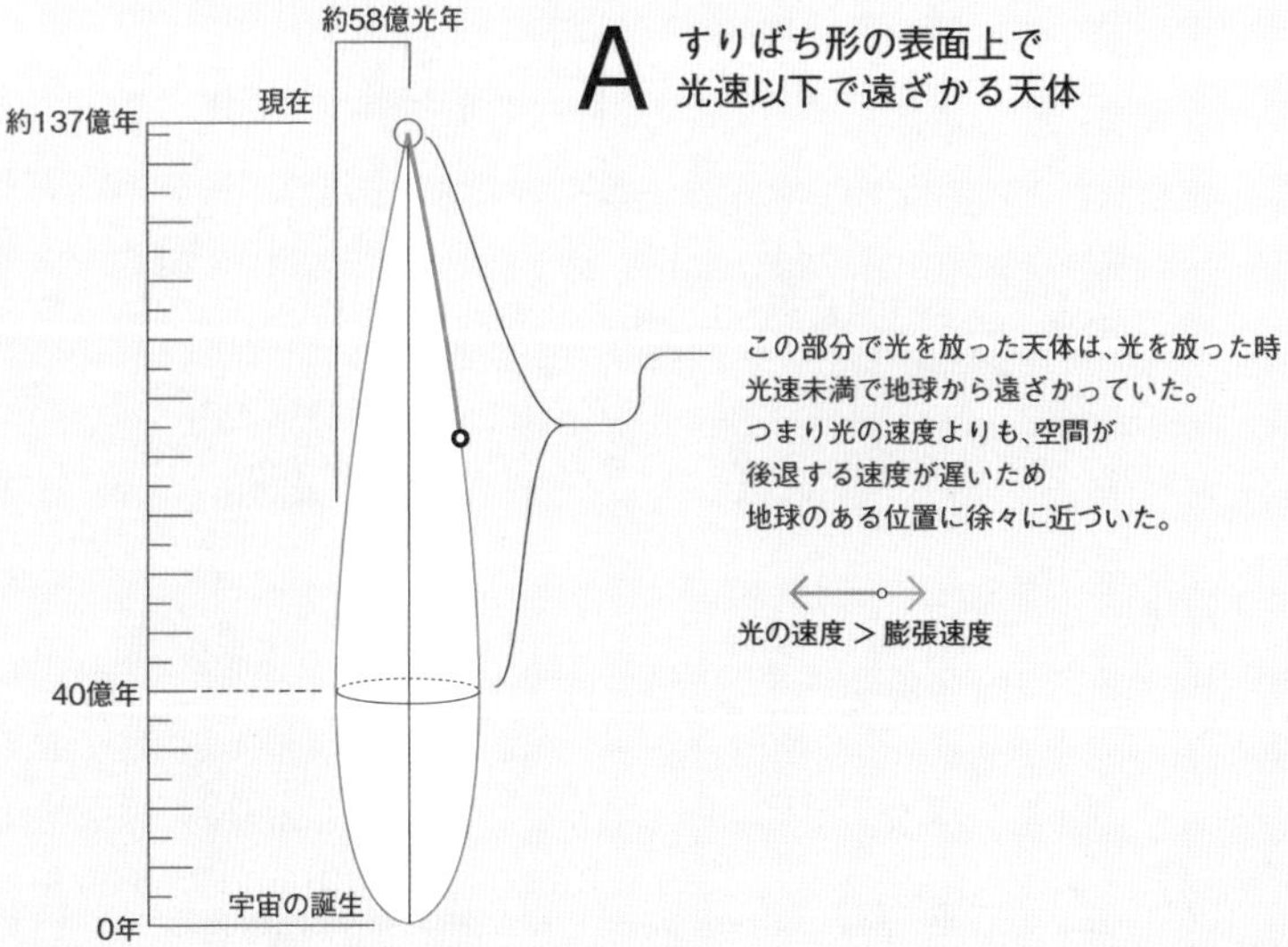

約58億光年
約137億年
現在
40億年
0年
宇宙の誕生
A すりばち形の表面上で
光速以下で遠ざかる天体
この部分で光を放った天体は、光を放った時
光速未満で地球から遠ざかっていた。
つまり光の速度よりも、空間が
後退する速度が遅いため
地球のある位置に徐々に近づいた。
光の速度＞膨張速度

Aにある天体から放たれた光は徐々に速度を上げて地球に近づきます。宇宙の膨張によって宇宙空間や天体が地球から遠ざかる速度（以降「後退速度」と表現します）が光速よりも小さいため、地球に近づくことができるのです。

Bにある天体の空間の後退速度は光速です。よってBで放たれた光は、その瞬間、地球に近づきも遠ざかりもしません。しかし徐々に速度を増して地球にやってきます。

Cにある天体の空間の後退速度は光速よりも大きいため、放たれた光は地球に向かっているにもかかわらず、地球に近づけないどころか、地球から遠ざかってしまいます。しかし光は徐々に後退速度の遅い空間に入るため、やがて地球に向かい始め、地球にたどりつくのです。つまり光速を超えて遠ざかっていた天体でもわたしたちが観測できるものがあるのです。このような天体はすでに1000個程度観測されています（これらの天体

B すりばち形の表面上で光速で遠ざかる天体

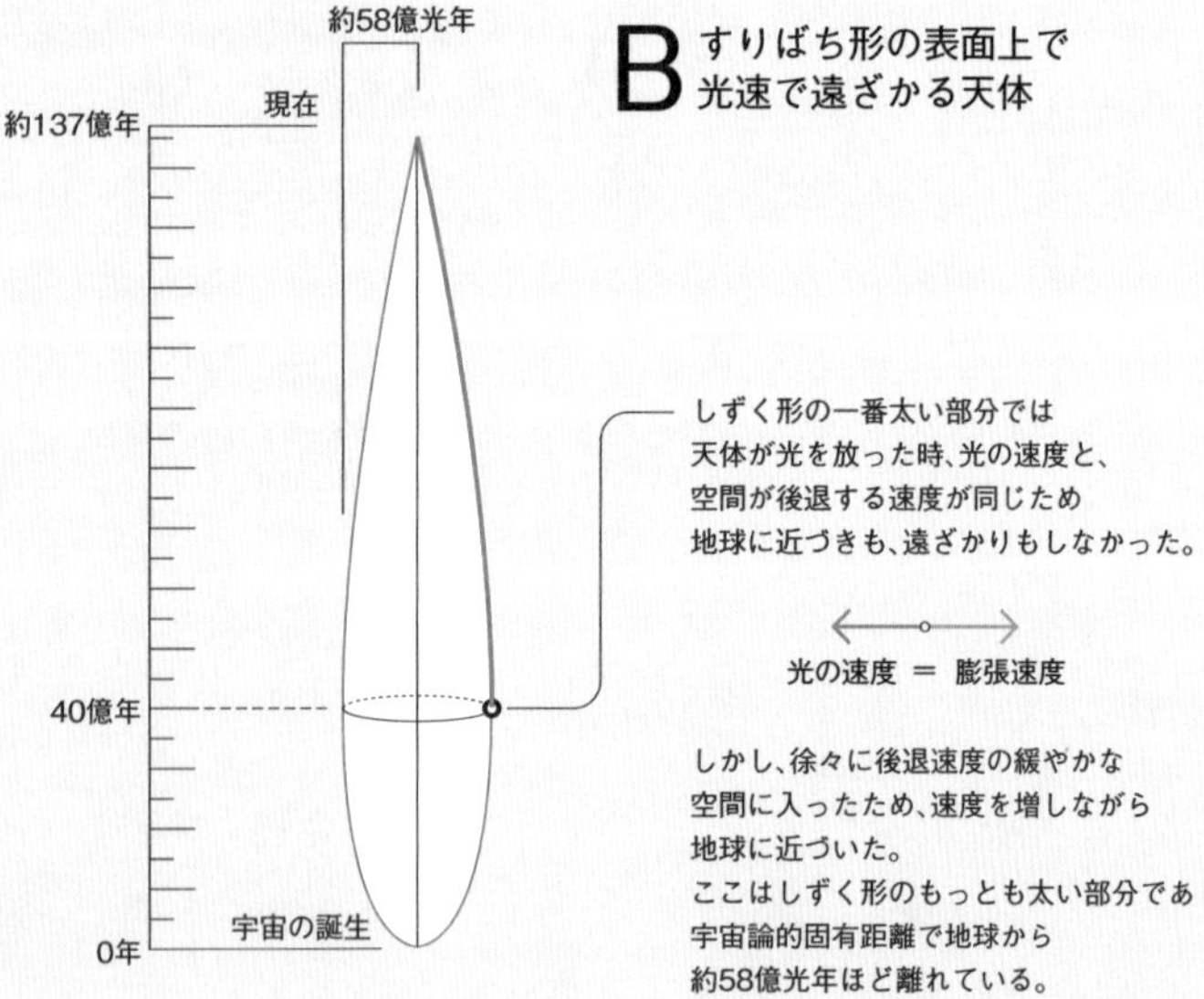

約58億光年
現在
約137億年
40億年
宇宙の誕生
0年
しずく形の一番太い部分では
天体が光を放った時、光の速度と、
空間が後退する速度が同じため
地球に近づきも、遠ざかりもしなかった。
光の速度 ＝ 膨張速度
しかし、徐々に後退速度の緩やかな
空間に入ったため、速度を増しながら
地球に近づいた。
ここはしずく形のもっとも太い部分であ
宇宙論的固有距離で地球から
約58億光年ほど離れている。

の中には、現在に至るまで一度も後退速度が光速以下になったことのない天体も含まれています)。

わたしたちに観測できる空間のうち、もっとも後退速度が大きいのは、しずくの一番下の部分となります。この場所は、今地球で観測することのできる光を放った当時、つまり「宇宙の晴れ上がり」直後は、中心軸から、なんと光速の約60倍で遠ざかっていた計算となります。そしてそこは、すりばち形としずく形が接する時空でもあります。

加速膨張　減速膨張

しずく形とすりばち形の先端となるところでは光速の60倍だった後退速度は、やがて小さく(＝遅く)なっていきます。宇宙の膨張が減速していったのです。それはすりばち形の下の方の形に現れています。速度はやがて光速の約3倍まで減速しましたが、宇宙誕生後約80億年あたりから、図の上ではほんのわずかですが、再び膨張は加速し

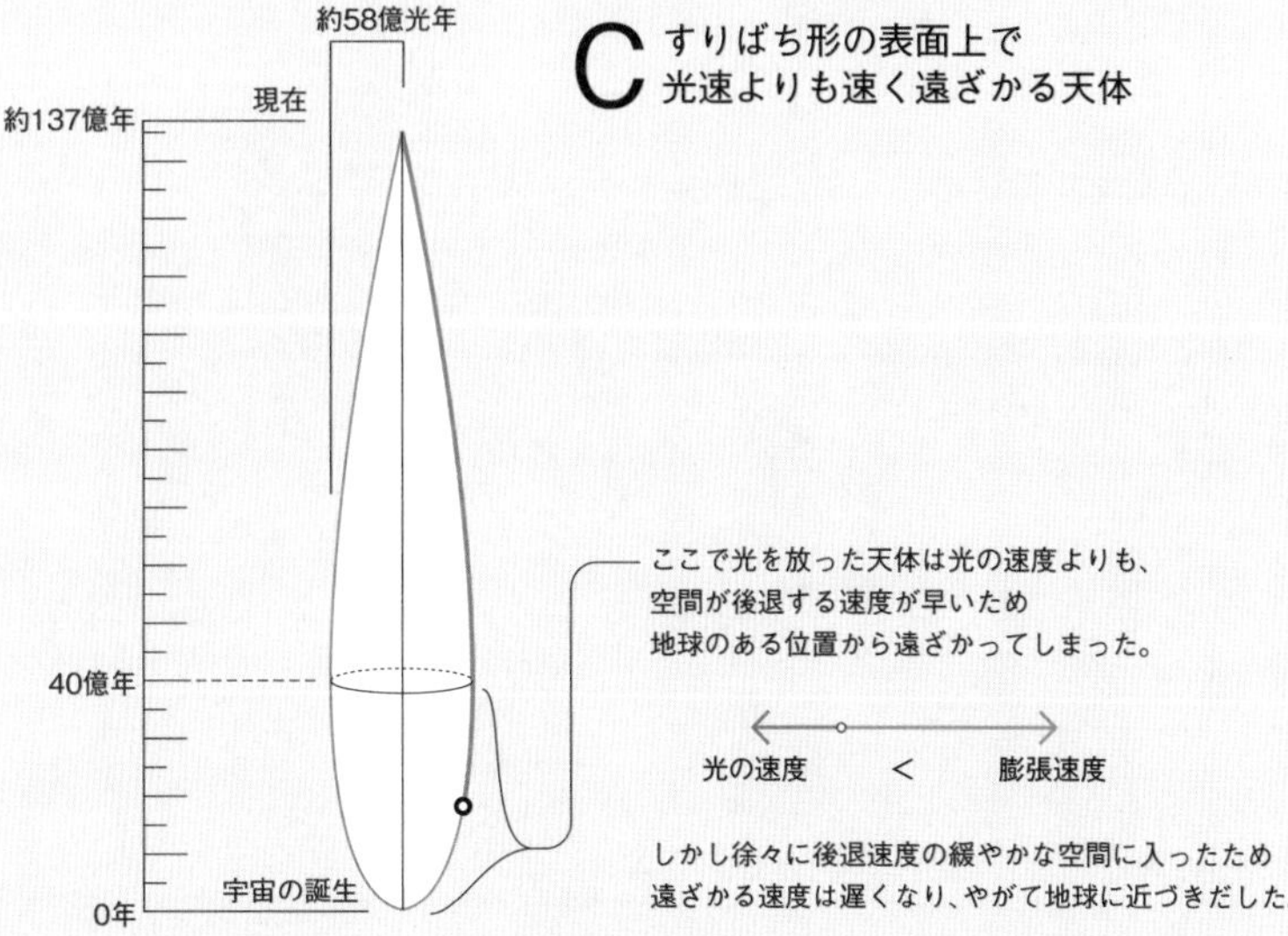

C すりばち形の表面上で光速よりも速く遠ざかる天体
約58億光年
現在
約137億年
40億年
0年
宇宙の誕生
ここで光を放った天体は光の速度よりも、
空間が後退する速度が早いため
地球のある位置から遠ざかってしまった。
光の速度
<
膨張速度
しかし徐々に後退速度の緩やかな空間に入ったため
遠ざかる速度は遅くなり、やがて地球に近づきだした。

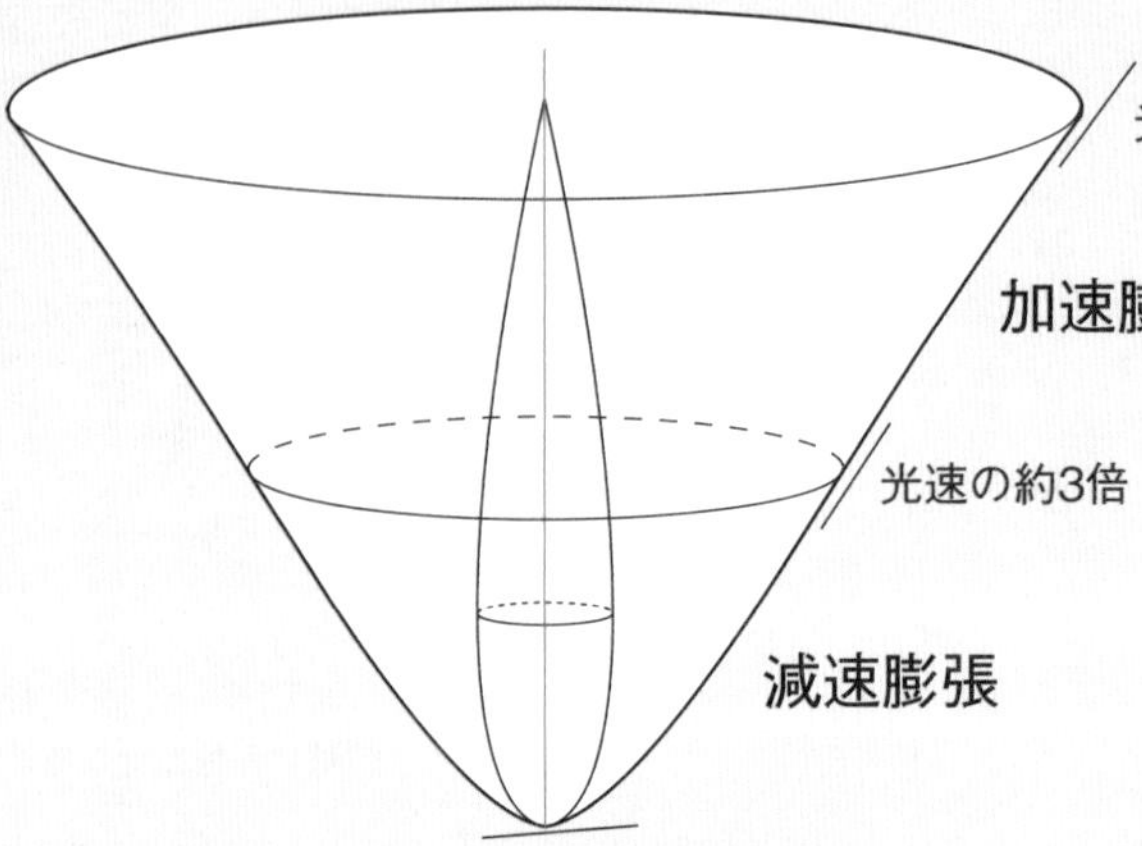

ます。そして現在、後退速度は光速の3.5倍程度になっていると考えられています。

ダークエネルギーとダークマター

なぜこのような減速膨張と加速膨張が起こるのでしょうか。ビッグバン以降何の力も働かないのであれば、すりばち形はただの円錐となるはずなのに、そうではなくカーブを描くのはなぜか。その理由は、宇宙空間に、「引き付けあう力」と、「離れようとする力」が働いているからです。

「引き付けあう力」は重力です。質量をもつ物質は重力を持つため、物質に満たされている宇宙空間は引き付けあい、膨張はどんどん減速し、いつかは収縮に転じて小さくなっていってしまうはずです。ところが実際には、宇宙空間の膨張は加速しています。となると宇宙には加速を引き起こすエネルギーがあるはず。その「離れようとする力」の正体はいまだ謎に包まれており、「ダークエネルギー」と呼ばれています。

また、わたしたちの宇宙には均等に銀河が分布しているのではなく、多数の銀河がひしめく部分と、ほとんど物質のない部分に別れます。このような構造を「宇宙の大規模構造」といいますが、その形成のためには、既知の物質の重力だけでは不可能であることがわかっています。このため、大規模構造の形成に必要な重力を生むための存在が仮定され、「ダークマター」と呼ばれています。

宇宙が今のような姿になるためのダークマターとダークエネルギーの量は、とてつもなく多いと考えられています。わたしたちの知っている元素が宇宙に占める割合は、エネルギーに換算するとわずかに4％。それに対してダークマターは22％、とダークエネルギーは74％にもなると考えられているのです。つまり宇宙の96％はナゾに包まれているというわけです。

膨張する宇宙での距離

宇宙の大きさについて考えてみましょう。ここでいう宇宙の大きさとは、人間が観測によって関与することのできる宇宙の大きさのことです。講義3で説明したように、すりばち形の一番上の半径は約470億光年です。しかしこれまで一般的には、「宇宙の大きさは半径約137億光年である」といった表現がよく見うけられました。宇宙に関する文献でもよく見られる数字です。この数字の食い違いは、いったい何を表すのでしょうか？

ここで三たびAさんと「動く歩道」にご登場いただきましょう（次ページ）。計算を簡単にするため、Aさんの歩幅は1mにします（ずいぶん足が長いですね）。

イ点からロ点までは100mですから、歩き始めの時点での、Aさんからわたしまでの距離は

100mです。ではAさんは100m歩くことになるのでしょうか。実は「動く歩道」のせいで、Aさんはわたしのところに到着するまでに150歩、歩いています。歩幅は1mですから、Aさんは150m歩いたことになります。では、歩き始めのAさんまでの距離は、100mというべきでしょうか、それとも150m？　もちろん、常識的には100mですね。

しかしひとたび宇宙の測り方となると、そう簡単にはいきません。わたしたちの日常的な距離概念では、イ点から口点までの距離は、彼が何歩歩んだかにかかわらず100mです。宇宙図の横方向も、これと同じ概念で距離を描いています。つまり光がどれだけの道のりを経てきたかではなく、各時刻での対象までの距離を、距離として捉えています。これは「宇宙論的固有距離」(cosmological proper distance)と呼ばれます。一方、光の歩んだ道のりを距離と捉える考え方もあり、こちらはlight travel distanceと呼ばれます。

宇宙図は「宇宙論的固有距離」を用いて描かれています。その理由は、その方がわたしたちが日常考える距離概念に近いからです。宇宙図を見る時、わたしたちは日常の距離感覚の延長で、宇宙の膨張の

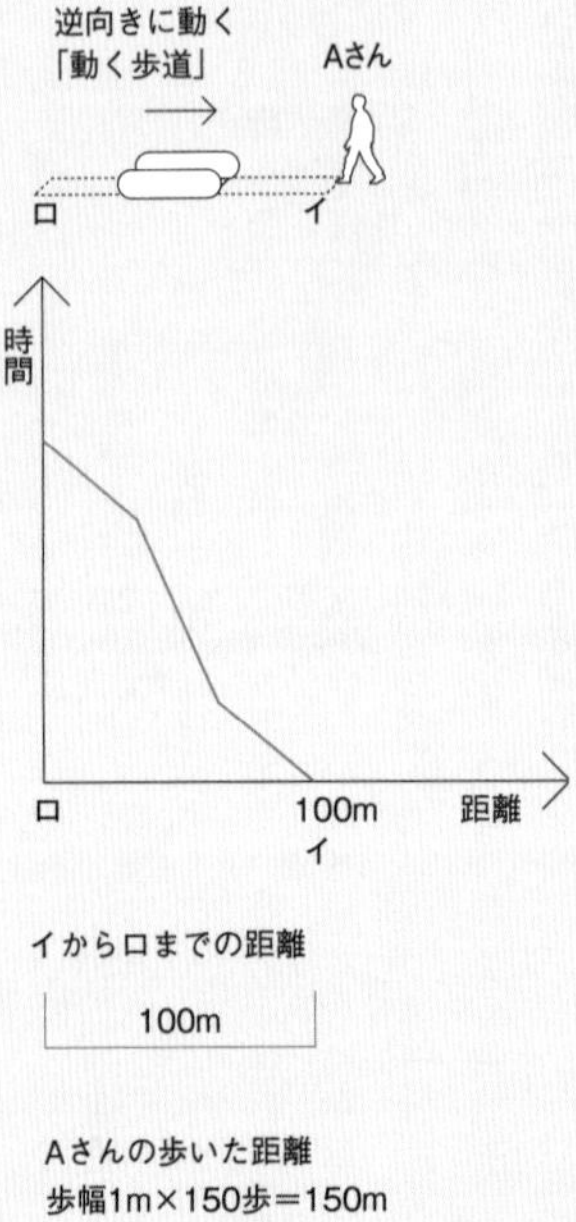

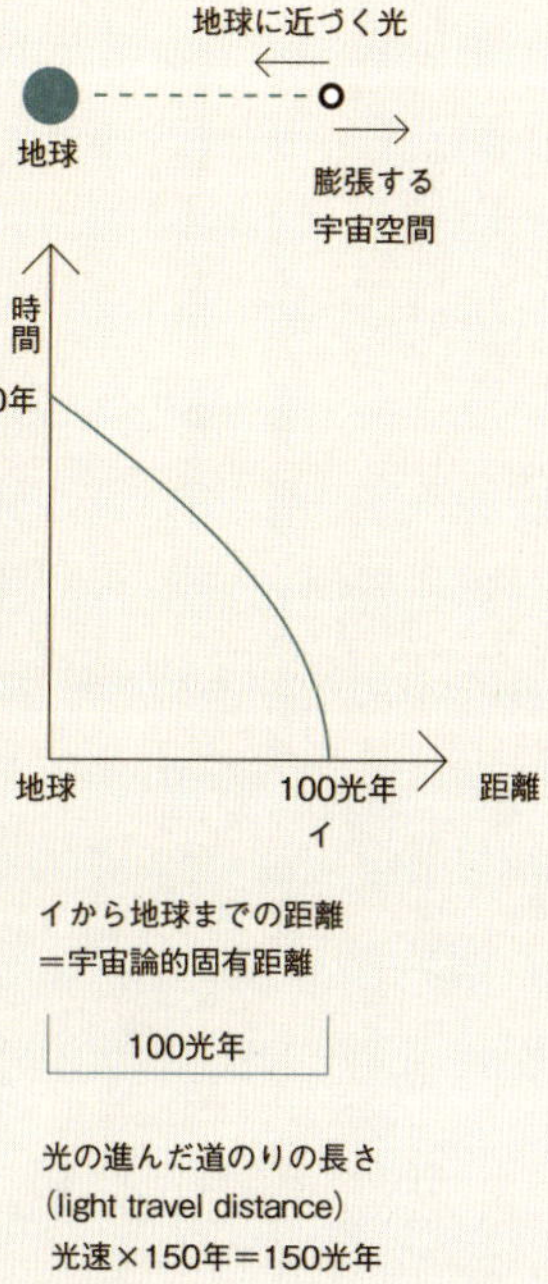

様子を仔細に観察することができます。

しかし、地球から天体までの距離は、慣習的に「宇宙論的固有距離」ではなく、light travel distance で表されることが多いようです。ですが light travel distance の考え方は、かならずしも広く理解されているとは言えません。そのため、light travel distance で表された距離が、「宇宙論的固有距離」的に解釈されてしまう、といったことが往々にして起こってしまうようです。

数十光年といった近い距離では宇宙空間の膨張の影響がほとんどないため、これら2つの距離概念を用いて表した値はほぼ同じになります。しかし、数十億光年といった距離では宇宙空間の膨張が大きく影響するため、両者の概念は分けて理解する必要があるのです。

ここで、本節冒頭の問題に戻ってみましょう。「観測できる宇宙の大きさは半径約１３７億光年」という表現は、実は light travel distance としての、宇宙の大きさの表現だったのです。これを日常的な距離として解釈してしまうとどうなるでしょう。わたしたちは、宇宙はビッグバンが起きて以来、今も膨張を続けているということをすでに知っているわけですから、当然のことながら「半径約137億光年って、いつの時代の大きさなの？ 今？ それとも宇宙が生まれたとき？」といった疑問が出てきてしまいます。しかし、light travel distance は光が歩んだ道のりなので、定義上、そのような疑問を投げかけることができません。この表現は、端的にいえば、宇宙最古の光が地球に到着するまでに137億年を旅してきた、という事実を表現しているのにすぎないのです。つまり、わたしたちの日常感覚でいうところの「距離」や「大きさ」の感覚とは合致しない数字なのです。

膨張はなぜ観測できる？

ところで「宇宙空間が膨張しているなら、その膨張を測るためのモノサシも同じように膨張して、結果的に膨張は観測されないのでは？」という疑問も出てくるかと思います。実は宇宙の膨張の影響は、わたしたちの地球や太陽系といった、重力の大きく働く空間ではほとんどありません。その影響は、銀河団の間といった、相互の重力がほとんど働かない空間で見られるのです。ですから、膨張しないモノサシを基にして、宇宙の膨張を考えることができるわけです。

「宇宙の事象の地平面」

宇宙には、先に述べた「光の粒子的地平面」以外に、もう一つ「宇宙の事象の地平面」というものがあります。これは、しずく形が今後、どこまで膨らむことができるのかを示しています。言い換えれば、天体から放たれる光のうち、どの時代までに放たれた光が地球に届くかを示すものです。しずく型がどんどん大きくなれば、地球から観測できる領域も広がるということになりますが、宇宙が現在のような加速膨張を続けると考えると、しずく形には大きくなることのできる限界が生まれます。これを「宇宙の事象の地平面」と呼びます。それは、わたしたち人間が、現在および未来を通じて観測することができるだろう宇宙の限界にほかなりません。しずく形の大きさに限界があるということは、わたしたちには、未来永劫観測できない宇宙があるということなのです。

次ページの図は、宇宙が現在のような加速膨張を続けると仮定した場合、今後100億年に宇宙図がどのようになるかを示したものです。しずく形は時間の経過につれて大きくなりますが、決してオレンジの線よりも外に広がることはありません。この線が「宇宙の事象の地平面」です。ただし、この図は現在観測される加速膨張が続くことを前提としたものですので、実際にこの地平面がどのようになるかは、今後の宇宙の膨張の速度や加速の仕方に依存することになるでしょう。

さてここで、次なる疑問が現れてきます。これらの地平面を超えて、宇宙は広がっていると考えられます。永遠に観測によってかかわることのできない地点を含むこうした宇宙を、わたしたちは、どのように捉えるべきなのでしょうか？

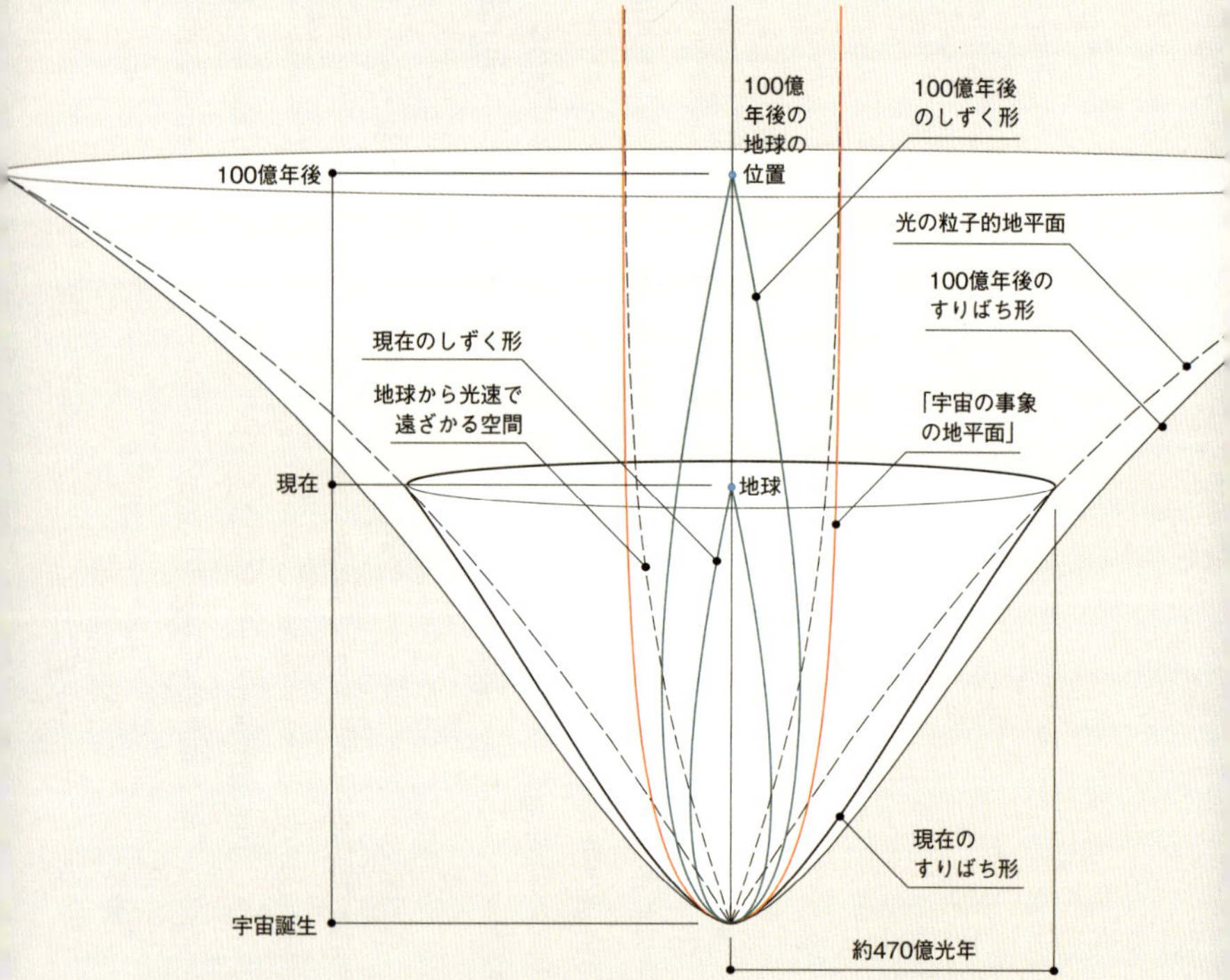
100億
年後の
地球の
位置
100億年後
のしずく形
100億年後
光の粒子的地平面
100億年後の
すりばち形
現在のしずく形
地球から光速で
遠ざかる空間
「宇宙の事象
の地平面」
現在
地球
現在の
すりばち形
宇宙誕生
約470億光年

滑り台……約10ナノ秒前の姿

月……1.28秒前の姿

太陽……8分19秒前の姿

惑星状星雲NGC7293……約700年前の姿

アンドロメダ銀河……約230万年前の姿

ヒクソン・コンパクト銀河群40……約3億年前の姿

銀河団CL2244－02……約30億年前の姿

銀河団 RXJ0152・7−1357……約70億年前の姿

電波銀河3C324……約100億年前の姿

ガンマ線バースト GRB 090423……約130億年前の姿

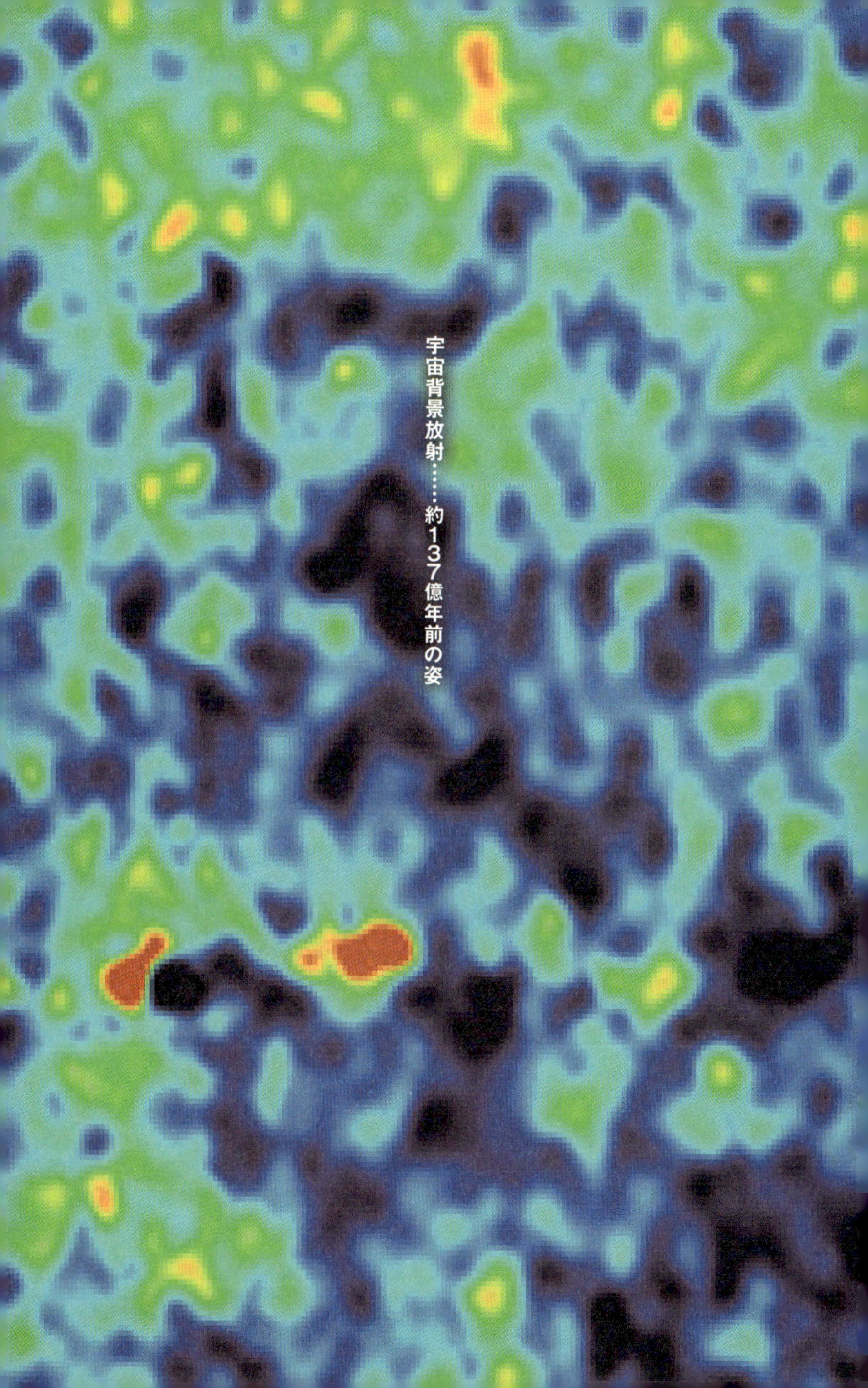

宇宙背景放射……約１３７億年前の姿

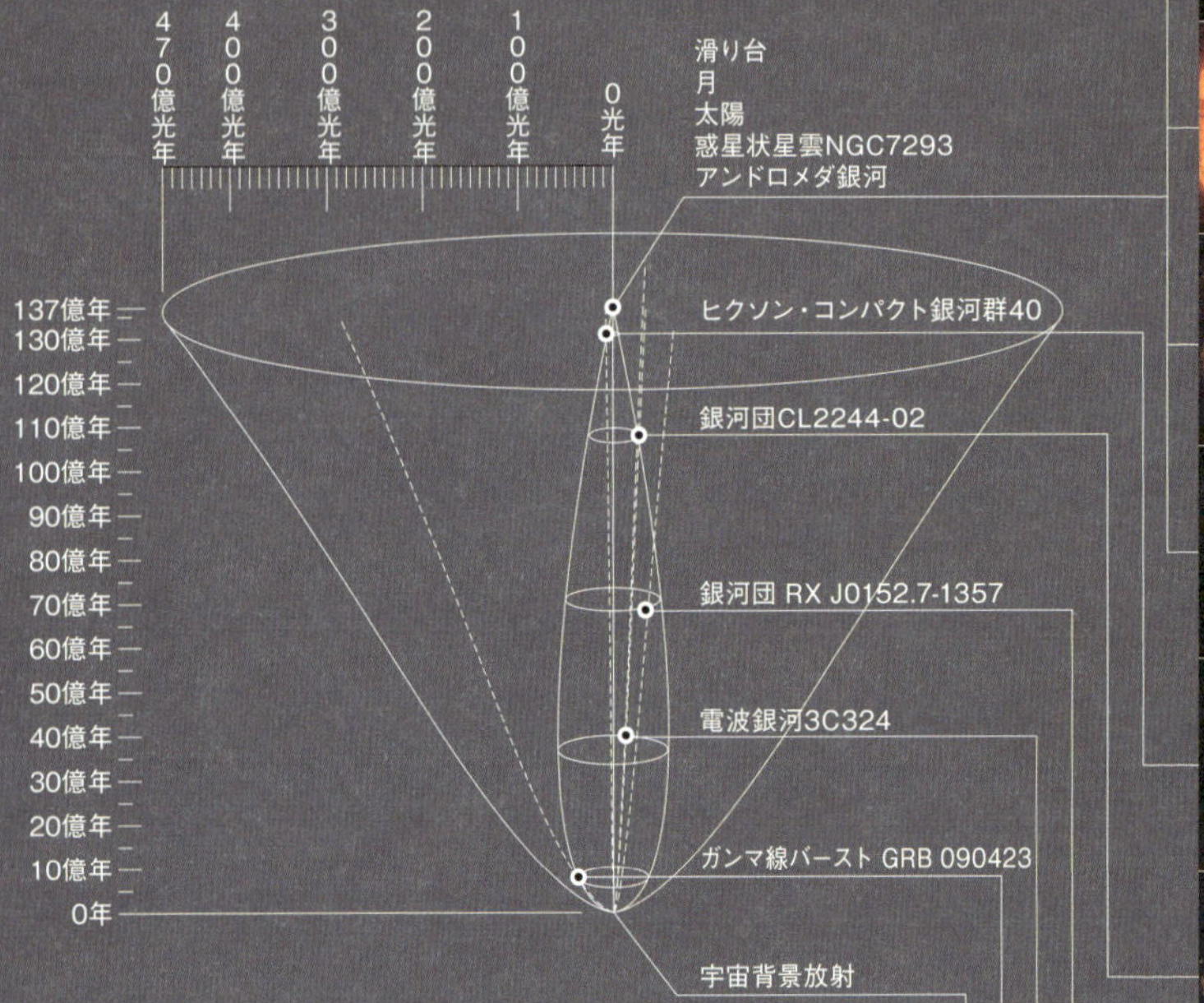

銀河群：重力によって集まった、小さな規模の銀河の集まり。

銀河団：重力によって集まった、多数の銀河からなる集団。数十から数千の銀河が含まれる。

電波銀河：電波を放出する銀河。一般的な銀河に比べて、非常に強い電波を放っている。

ガンマ線バースト：ガンマ線が放出される現象。超大質量の恒星の死滅の際に起こる現象の一つと考えられている。

宇宙背景放射：あらゆる方向からやってくるマイクロ波。宇宙が生まれてから38万年後に起こった「宇宙の晴れ上がり」によって直進できるようになった光が、マイクロ波となって地球にやってきている。

太陽:SOHO（ESA & NASA）
惑星状星雲NGC7293、銀河団CL2244-02:ESO
アンドロメダ銀河:NASA/JPL/California Institute of Technology
ヒクソン・コンパクト銀河群40、銀河団RX J0152.7-1357、電波銀河3C324:国立天文台
ガンマ線バーストGRB 090423: NASA/Swift/Stefan Immler
宇宙背景放射:NASA / WMAP Science Team

lesson 5

始源

「科学はまだ、宇宙の始まりを厳密には説明できないの」

「恋の始まりが、厳密には説明できないようなもの？」

いかにして、宇宙は始まったのか。これは特別な質問です。
あなたやわたし、木々や草花、動物たち、海、地球、太陽系。
その属する銀河や銀河群、銀河団。さらにはそれを超えて、
どこまでも続いていく宇宙。わたしたちを取り巻く
その一切合切が、いつ、いかにして、どのように始まったのか。
これは、そんな究極の問いにほかならないからです。
わたしたちは今、どこまでその答えを手にしているのでしょうか？

宇宙を巻き戻す旅

ゆっくりと意識が上の方にのぼってきて、朝の空気の心地よさに優しく揺り動かされるように、すうっと目が覚める。そっと隣を見やると、彼女がこちら向きで、静かな寝息を立てている。ぼくは身体の向きを変えて、その寝顔を正面から見つめる。朝の光の中で白いシーツにふちどられた顔は、驚くほど無防備で、繊細で、細かなシワやシミまで含めて、美しくかけがえのないものに映る。ずっとこの時間が続けばいいのに、ってくらい完璧なシチュエーションだ。でもすぐに、真夏の太陽の光が、この部屋いっぱいに差し込んでくるはずだ。そりゃあもう、眩しいくらいに。

微かに眉根を寄せたあと、彼女は小さな吐息をもらし、モゾモゾと身体を動かしてゆっくり目を覚ます。「……やだ。なにしてるの」

「見てる」

「腫れぼったい顔を？」

「腫れぼったい顔を」

彼女がまくらでぼくをボン！と叩く。ぼくは笑ってベッドを抜け出し、ペタペタ歩いて、勝手知ったる彼女の台所からミネラルウォーターを出して飲む。

「あ、わたしも。……だから、スリッパ履きなってば」

「はい、どうぞお嬢様。いい天気だね。今日、どうする？」

「ありがと」彼女はうーんと伸びをしてから水を受け取って飲み、「せっかくのお休みでしょ？ そしてこの素晴らしい天気。だからまず、いつもみたいにベッドでゴロゴロおしゃべりしながらこの時間を満喫する」

いっつも思うんだけど、なんで天気が素晴らしいとゴロゴロすることになるんだろう？

「いいね。それで？」

「ササッと身軽な格好に着替えて、白樺キッチンで、遅い朝ご飯。バナナパンケーキに熱い紅茶」

「最高じゃん。それで決まり」と、ぼくはもう一度ベッドに倒れ込む。

「いつかの話の続きが聞きたいな。約束してくれてた、宇宙の始まりの話」

「あ、それ今日みたいな朝にぴったりの話題だなー」彼女はまた、よくわかんないことを言う。「そうねえ、時間を巻き戻して、だんだん宇宙の始まりに近づいていく、ってのはどう？ 舞台は、しずくとすりばちの始点が重なりあう、宇宙図の一番下の、始まりの部分。

その目に見えない先端にまで、順を追って迫ってみよう」

「さ、準備はいい？」

「いつでも」

ぼくらは真っ白なシーツと布団に身をくるみ、二人だけのちょっとした脳内旅行（でも行き先は凄まじい。熱海もアテネも目じゃない）に向けて、真っ白な天井を並んで見あげている。悪くないぞ、こういうの。心の贅沢、っていうんだろうな。

「まず、ここは……」と仰向けの彼女は、目の前にジェスチャーで大きな空間を描いてみせて、「宇宙誕生から約38万年後の世界です。宇宙は約137億歳だから、ほんとに生まれたばかりのころだね。ここで〝宇宙の晴れ上がり〟っていうビッグイベントが起こる。今でこそ宇宙空間では〝ものが見える〟でしょ？いつか二人で話したように、光がわたしたちの目に届くから。でもそれまでの宇宙は、霧の中のように、向こうが見通せなかった。なぜかというと、当時の宇宙はすごい高温で、大量の電子が落ち着きなくバラバラと飛び交っているような状態だったの。だから光は——ここでは光子、と呼び変えよう——光子は、進もうとしてもその電子に衝突しちゃってばかり。当然、そんな宇宙ではものが見えないってことになる。でも宇宙の温度が約３０００度まで下がると、電子は次々と原子核と結合して、〝原子〟のかたちに落ち着いた。光子のジャマ者がいなくなったので、宇宙で最初の光が解き放たれた。宇宙の景色がいわば〝晴れ上がって〟一変したわけ」

ぼくの脳内イメージ↓光子は、金ピカの鎧を着て長い槍を持ってる。電子は、黒いマントを羽織った、バットマン（のようなもの）だ。マントを羽ばたかせて宇宙中に飛び交ってる。光子は果敢に直進するんだけど（残念ながら彼らは直進しかできない）、バットマ……じゃなかった電子に、はっしと槍を受け止められてしまう。でも、宇宙の温度が３０００度まで下がった!! 巨大な原子核……これは巨人みたいなやつで、投げ縄を持ってる。こいつががぜん元気になって、次々と電子を捕える。ここぞとばかりに光子はじゃんじゃん直進し始める。光子が届くってことはモノが見えるわけだから、この場面にぼくがいたら（真っ先に黒焦げになって蒸発する。……ってのは置いといて）、濃い霧がかったような宇宙が、徐々に見晴らし良くなっていくのが観察できたことだろう。

「次に、ぐぐっと時間を巻き戻して、宇宙誕生直後の約3分間を見てみよう」彼女は両手を伸ばして、ほんの小さな球をかたちづくる。「今じゃカップラーメンができる程度の時間でしかないけど、宇宙開闢《かいびゃく》後の３分間というのは、わたしたちの周りにあるすべての物質のもとを生み出した、それはそれは歴史的な――いや、宇宙的な?――３分間だったの。宇宙はその間に、急激な膨張を続けながら徐々に温度を下げていった。その中で、素粒子――素粒子ってのは、物質をこれ以上分けられないくらいまでに分けていった時の最小単位なんだけど――この素粒子の仲間のうちの〝クォーク〟ってやつが集まって、陽子や中性子がかたちづくられた。それらを素に、元素の中でも一番軽い部類の、水素やヘリウムの〝原子核〟が構成された。これらを手始めに宇宙は順々に複雑な元素を生み出していって、ついには生命が誕生するわけだけど、こっちを追いかけていくと、わたしとあなたが出会うまでの１３７億年分の物語が出来あがる」

ぼくの脳内イメージ↓宇宙誕生後の３分間　↓（中略）↓コウイチ（兄を犠牲にして?）この世に誕生↓滑り台で衝突事故　↓なぜかその彼女と、ハッピーな週末の午前（この間、約１３７億年）

「……そっちの話も聞きたいな、いつか」

「それもきっと、とっても魅力的な物語でしょうね」

「宇宙って、色んな切り口から語れるストーリーがたくさんあるんだな」

「そうなの。ほんとにそう思うよ。でもここではわたしたちは、宇宙の始まりにさかのぼる旅を続けよう。宇宙はどんどん小さく、熱く、高密度になっていく」

インフレーションとビッグバン

風変わりな昔話でも聞かせてもらってるような気分で（実際、世界最古の昔話には違いない）、ぼくは軽く目を閉じて、頭の後ろで腕を組んでいる。彼女は今、ひじをついてぼくを見下ろしながら、ささやくような声で話し続けてる。ぼくはふとんの中に、彼女の左手を探し当てる。彼女の手はぽかぽかと暖かい。そうだ、今度は本当に旅行に行こう。宇宙は無理でも、できるだけ遠い所まで。

そんなことを考えながら右手を彼女の上腕に滑らせていくと、手の甲をぎゅうとつねりあげられた。

「イテテ」

「今話すか、一生話してあげない」

「……はい、今聞きます」

「よろしい」と彼女は上機嫌で続ける。


「いよいよ、かの有名なビッグバンにまでさかのぼってきた。宇宙はとてつもないエネルギーによって加熱されて、超高温・超高密度の灼熱状態になっている。その中で、さっきの光子やらを含んだ素粒子が、大量に生み出されていくわけ。ところがここが面白いんだけど、最初の時点では、素粒子には2つの種類があったらしいんだよね。1つが〝粒子〟。もう1つが、粒子と反応すると光を出して消滅してしまう〝反粒子〟。そして、専門的には『CP対称性の破れ』といわれる現象のおかげで、反粒子の方が、粒子より10億個に1個ほど少なかった。だから反粒子は宇宙から消滅しちゃって、残ったごくわずかな粒子が、今の宇宙にある物質の大元になったの」

ぼくの脳内イメージ↓そこは五右衛門風呂も涼やかプール並みの、驚異的な灼熱地獄だ。そのかまどの中から素粒子がぐつぐつ生み出されてくる。素粒子には実は、ジェット団とシャーク団がいた（とりあえず『ウエスト・サイド・ストーリー』から借りてきた）。お互いを見つけるやいなや衝突するケンカっぱやい連中で、衝突すると確実に共倒れ。その時に、形見とばかりにさっきの光子（金色の槍を持ったやつだ）を生み出していく。ジェット団（粒子）とシャーク団（反粒子）はほとんど共倒れになっちまって、比率にしてわずか10億人に1人のジェット団（粒子）だけが生き残った。そいつが全宇宙の物質の祖先、ってわけだ。

「そして、このビッグバンより前になると、想像するのも難しい領域に入ってくる。時間は、宇宙誕生直後からビッグバン直前までの、10の34乗分の1秒の間。これはもう、短い、という言葉では表しきれないくらいの短い時間だね。この時、それまでは極小だった宇宙が溜め込んでいた〝真空のエネルギー〟と呼ばれるものが、生まれたばかりの宇宙を、想像を絶するまでに一気に加速膨張させたの。喩えるなら、目に見えないウィルスが一瞬にして銀河団以上の大きさになるほどの膨張。これが〝インフレーション〟と呼ばれる、宇宙誕生直後の出来事。想像を絶する〝真空のエネルギー〟が、リアルタイムで熱エネルギーに変換されて、宇宙はさっき話した灼熱のビッグバンの世界へ変貌するわけ。……宇宙はわたしたちを取り巻く、果ても知れない巨大な存在だけれど、その始まりに迫っていくと、想像を絶するミクロの世界にたどりつく。ここで、宇宙物理っていう巨視的な世界と、量子力学っていう微視的な世界がひとつになる。面白いよね」

ぼくの脳内イメージ→っていうか、10の34乗分の1秒ってのが、まず想像できない。まあ、宇宙が誕生したかしないかってくらいの、とんでもなく短い時間。ってことにしておこう。その宇宙は、目にも見えない驚異の小ささで、それが目にも止まらぬ驚異のスピードで、目にも見えない驚異的なサイズへと爆発的に巨大化する。ばかりか、〝真空のエネルギー〟は、力あまって全宇宙を灼熱地獄に変えてしまう。ビッグバンの灼熱は、すさまじい湯気（ってのは、ちょっと実態と違うだろうけど）を生み出して、宇宙の温度が３０００度に下がるまで、ものすごいことが立て続けに起こっているのに目には見えない、って状態が続くわけだ。

「……とまあ、わたしたちは、宇宙誕生の、ごく直前にまで迫ってきた。専門用語のオンパレードだったけれど、流れは掴めた？」

「うん、多分大丈夫」なんせ、勝手な脳内イメージに変換してるからな。「よし、採点してもらおっかな」ぼくは脳内イメージを慎重に元の単語に戻しながら、時系列順に彼女に再現してみせる。

「すごいね」と彼女は素直に感心する。「上出来。テストで要領よく点を取るタイプだったでしょ？」

「当たり。でも模擬試験が全然ダメで。試験範囲ってもんがないからさ。人生、要領だけではうまく行かないらしい」

「わたし、要領だけで点を稼ぐあなたみたいな人、大っ嫌いだった」

ボン！　ぼくはまた、まくらの一撃をお見舞いされる。

宇宙は始まり、いつかは終わる？

「ね、今何時？」

「んーと、9時半」

「白樺キッチンでバナナパンケーキが焼きあがるのがだいたい11時だから、このまま〝宇宙の始まり〟や〟終わり〟にまで迫ってみようか？」

「お、ついに3大疑問が解かれる日が⁉」

「といっても、わたしもあんまり詳しくはないんだ。色んな説があるけど、仮説の域を出ないのが現状みたい。自分の頭の整理も兼ねて、ざっと話してみるね」

「宇宙の始まりって、考えれば考えるほど、不可思議な問題だって思わない？　だって、それ以前は〟時間も空間もない〟っていうんだから。普通に考えたら全然意味がわからない。でもそれを科学は今、真剣に追求している。例えば〟無境界仮説〟。この考え方がすごいんだけれど、〟時間はいつ始まったのか〟って考えがそもそも間違いだっていうのね。この説によれば、宇宙のごく初期、素粒子レベルのサイズだった頃には、時間は空間の一種だった。空間には始まりという概念はないから〟時間の始まり〟を考える必要はない、っていうの」

「え〜⁉　なんだよそれ。なんか騙されてるような気が。おれたち騙されてるぞ⁉」

「騙して誰が得するのよ。まあ、それくらい不思議な仮説ではあるよね。他にも〟無からの宇宙創造論〟っていうのがある。〟無〟っていうと、ものがまったく存在しない状態だ、って普通は考えるでしょ？　でも現在の素粒子物理学では、仮に空間から原子を取り去り、分子を取り去り、光子やニュートリノといったありとあらゆる素粒子を取り去って徹底的な〝無〟の状態を作り出しても、なぜかそこから無数の素粒子が沸き立ってくると考えられているの」

「それって、〝無〟から〝有〟が誕生するってことじゃんか。キョウコちゃん的には、それでOKなわけ？」

「え、わたし？……う〜ん、わたしの専門は天文で、素粒子物理じゃないからな。断定的なことは言えない。でも現代の物理学は、極微の世界をそう捉えてるのは事実。物質も空間も時間もないそんな〝無〟の状態から、宇宙は揺らぎによって生まれては消えていて、わたしたちの宇宙は、そのうちの一つがたまたま成長したものだ、って考えられているの。これも仮説だけれどね」

「結局のところ、決め手はないってこと？　なんかちょっと意外なんだけど。科学って、こんなに進歩してもまだ、宇宙の始まりを説明できてないんだ？」

「とっても難しいのよ、始まりの問題は。始まりがわかった！って思っても、じゃあその始まりを用意した仕組みっていうのはいったいなにか？　それは始まりより前にあったものなんだから、そっちがもっと根源的な始まりなんじゃないか、ってことになるじゃない？」

「ん？　ああ、そうか。……う～ん。なるほど。深い。深いねえ。恋の始まりが、厳密には説明できないようなもんか」

「いや、それとこれとは……とにかくこれ、〝第一原因の問題〟っていってね。西洋哲学でもおなじみの課題なんだけれど。今のところ、哲学も科学も、お手上げって状態かな。

それから、遥か未来にいずれはやってくる、この宇宙の終わり。この問題もやっぱり謎だらけなんだけれど、今現在、宇宙が膨張中だって事実と密接にかかわっていると考えられている。一つには、膨張がやがて収縮に転じて、宇宙が生まれた時と同じように灼熱状態になりつつミクロの世界に還ってしまう、という考え方がある。この状態の宇宙には、ビッグクランチっていう、なんだかカッコいい名前がついている。ビッグクランチ後の可能性としては、それっきり、ってパターンと、再び膨張が始まってまた宇宙になる……以下繰り返し、ってパターンが考えられているみたい。でも一番有力なのは、宇宙は膨張し続けるんじゃないか、って説。銀河や星は次々に寿命を終えて散っていって、長い長い時間の後、ついには、無限ともいえる空間の中を、陽子や電子、光子、ニュートリノが、数千万年に一度ふと横切るだけ、といったものさびしい宇宙になってしまう。そんなちょっと悲しいエンディングなの。……わたしたちの宇宙の全ストーリーは、これでおしまい」

ぼくはエンディングの余韻をしばらく頭の中で転がして、脳内イメージからベッドに帰ってくると、おもむろに力一杯の拍手を彼女に送った。すげえ。ミクロからマクロまで。とんでもないよ宇宙!!

「う〜ん……」と深い溜め息をつきながら、「宇宙って。まったく、凡人の想像力を遥かに超えてすさまじいな。すさまじすぎてわけわかんないところもあるけど。そんな宇宙を追究している科学者ってすごすぎる。そんな一員であるキョウコちゃんもすごい」

「いや、だからわたしは単なる一介の……ああっ！　こんな時間じゃん！　ほら、急ごう!!」

着替えも化粧もそこそこにさっさとサンダルをつっかけた彼女は、ヒモ靴で手間取ってるぼくを玄関で急き立てる。「早く！　早く！　置いてくぞ!!」

「おれとバナナパンケーキ、どっちが大事なんだよ？」

「そんなのバナナパンケーキに決まってるじゃない！」

ぼくらは手をつないで、真夏の青空の下に駆け出していく。どうか白樺キッチンまで、結びそこねたこの靴ヒモを踏んづけませんように。

講義5　宇宙の始まり

この講義からは、宇宙図に描かれたラインを飛び出し、その先端や外側はいったいどうなっているのか、という問題に迫っていきましょう。

わたしたちが観測できるもっとも古い光が放たれた空間

さて、宇宙図の下方、つまり時間軸では過去方向の、先端の部分はどうなっているのでしょうか。この部分こそは、宇宙の始まりの秘密が隠されているはず。しかし実はしずく形は、宇宙の生まれた瞬間、つまり「時間の始まり」にまでは伸びていません。しずく形は光が地球にやってくる道を表しているわけですが、宇宙の初期には、光の進行を阻むような状態の時代がありました。ですからその時代にはまだ、しずく形は存在していなかったわけです。

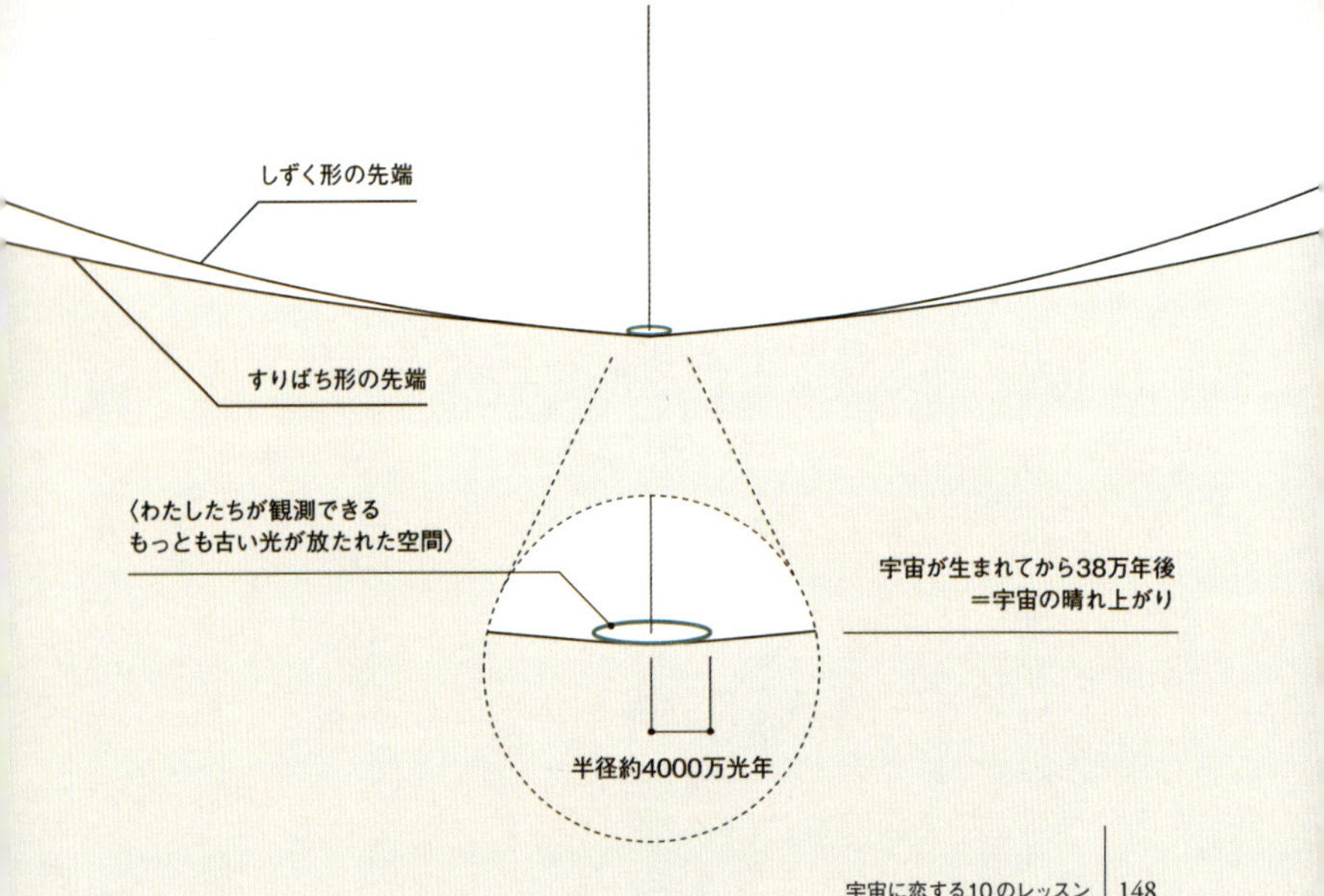

このような時代は、宇宙が生まれてから38万年ほど続きます。そしてその後、宇宙は霧の中のような状態から抜け出し、見通しがきくようになりました。こうして初めて光が直進できるようになった時点を「宇宙の晴れ上がり」と呼びます。しずく形の先端に、半径約4000万光年の「欠け」があるのは、そのようなわけなのです。そしてこの半径約4000万光年の円（実際には球体）こそ、講義3で取り上げた〈わたしたちが観測できるもっとも古い光が放たれた空間〉という言葉の意味にほかなりません。

宇宙史上最大の遠回り？

ここで宇宙図をじっくりと眺めると、面白い事実が見えてきます。宇宙図の中心軸（いずれ地球が生まれことになる場所）から、しずく形が始まる部分までの距離は、わずか約4000万光年ほど（右ページ下図参照）。しかし結果的に、その光は、地球に届くまでに約137億年（宇宙が生まれてから、今日までの歴史そのもの！）もかかっているのです。宇宙でもっとも速いとされる、光の速さで地球に近づこうとしているにもかかわらず、です。その理由は、そろそろ皆さんもうお気づきのことと思いますが、「宇宙が膨張しているから」です。膨張のない空間なら約4000万年でたどりつくはずの距離に、その約300倍もの時間をかけて、ようやくたどりついたというわけです。

さて、これまでは、晴れ上がり以降の宇宙の膨張や光のふるまいについて説明してきました。では晴れ上がり以前の宇宙は、いったいどのようになっていたのでしょうか？

ビッグバン

宇宙の初期に起こった、晴れ上がりよりも以前の高温、高密度な状態での膨張を「ビッグバン」

といいます。このころには、わたしたちの宇宙を構成するさまざまな物質のもとが生まれました。詳しくは講義8でご説明します。

インフレーション宇宙論

ビッグバンの前には「インフレーション」とよばれる急激な膨張があったと考えられています。インフレーションはわずか10の34乗分の1秒ほどの出来事ですが、この間に宇宙は数十桁も大きくなるような膨張をしたと考えられています。これを「インフレーション宇宙論」といいます。詳しくは講義6で再び説明したいと思います。

「無境界仮説」と「無からの宇宙創造論」

時間をさらにさかのぼると「時間の始まり」という問題に行きあたります。時間にはそもそも、始まりなどあるのでしょうか？　この疑問に答えようとする説が「無境界仮説」、そして「無からの宇宙創造論」と呼ばれるものです。

これまでのビッグバン宇宙モデルでは、宇宙が生まれた瞬間は宇宙の密度などが無限大の「特異点」であるということになります。特異点とは、時間の始まりにおいて物理学の法則が破たんするような状態のことです。ところがこれらの理論では、宇宙の始まりは特異点とはなりません。時間軸の先が、空間の軸の1つのような状態になっていると考えるからです。このような時間を「虚時間」と呼びます。空間は縦、横、奥行きと3軸ありますが、生まれたばかり宇宙にはもう1つの軸があり、その軸が、今わたしたちが「時間」と認識しているものへ変化したというのです。時間は未来から過去へ一方向に進みますから、過去にどんどんさかのぼって行けば、その始まりに行きついてしまいます。しかし時間が一方向にしか進まないようなものではなく、空間の軸の1つのような存在であり、かつ閉じているならば、時間の「始

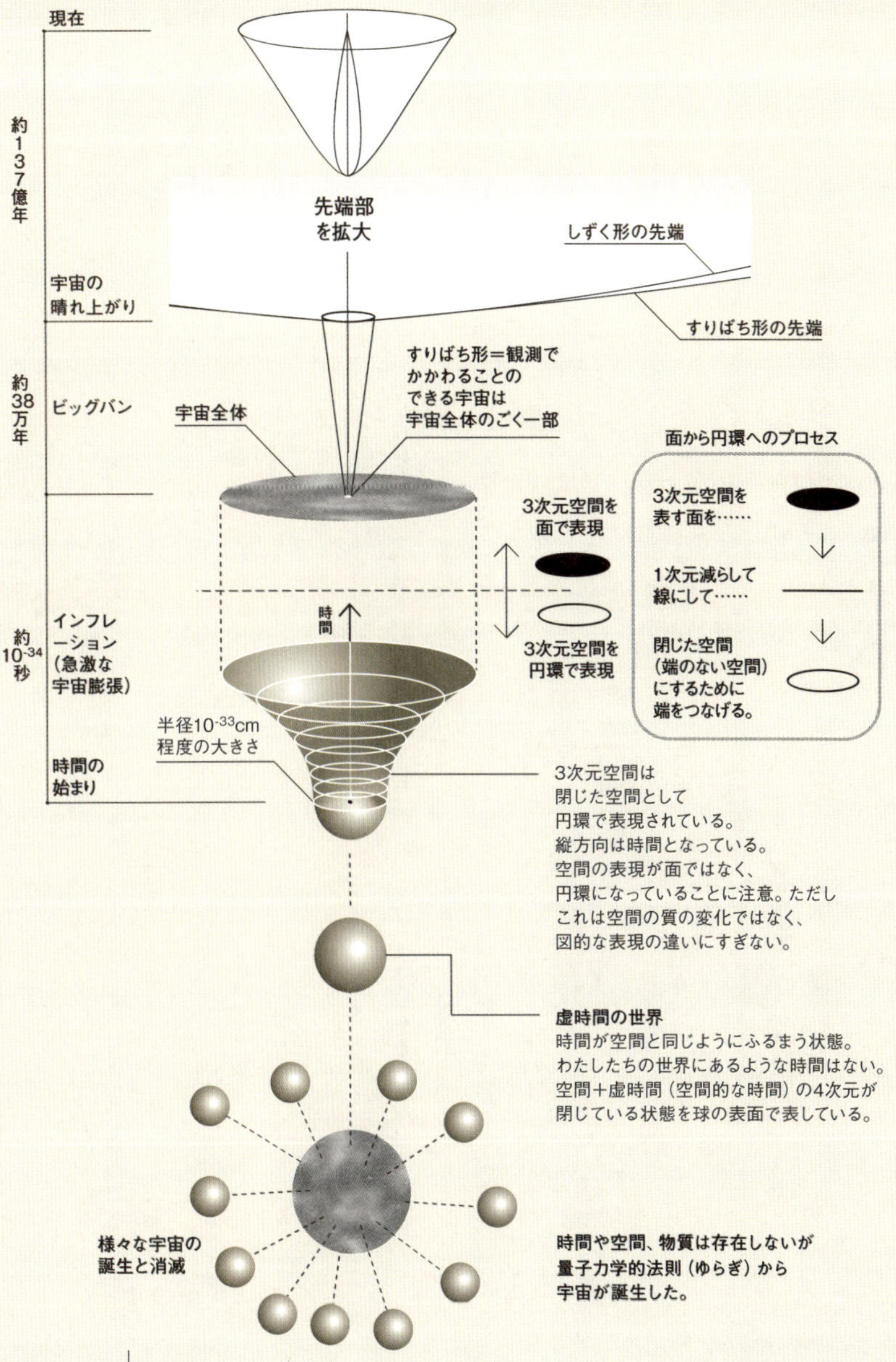
現在
約137億年
先端部
を拡大
しずく形の先端
宇宙の
晴れ上がり
すりばち形の先端
すりばち形＝観測で
かかわることの
できる宇宙は
宇宙全体のごく一部
約38万年
ビッグバン
宇宙全体
面から円環へのプロセス
3次元空間を
表す面を……
1次元減らして
線にして……
閉じた空間
（端のない空間）
にするために
端をつなげる。
3次元空間を
面で表現
3次元空間を
円環で表現
時間
約10^{-34}秒
インフレ
ーション
（急激な
宇宙膨張）
半径10^{-33}cm
程度の大きさ
時間の
始まり
3次元空間は
閉じた空間として
円環で表現されている。
縦方向は時間となっている。
空間の表現が面ではなく、
円環になっていることに注意。ただし
これは空間の質の変化ではなく、
図的な表現の違いにすぎない。
虚時間の世界
時間が空間と同じようにふるまう状態。
わたしたちの世界にあるような時間はない。
空間＋虚時間（空間的な時間）の4次元が
閉じている状態を球の表面で表している。
様々な宇宙の
誕生と消滅
時間や空間、物質は存在しないが
量子力学的法則（ゆらぎ）から
宇宙が誕生した。

まり」を考える必要はありません。閉じた空間では空間の果てを考えなくていいのと同じように、時間の果てを考えなくていいからです（閉じた空間の場合、果てを考える必要がない理由については、講義6「宇宙の形」を参照してください）。

つまりこれらの理論では、宇宙には時間の始まりがないことになります。宇宙の始まりは特異点ではなくなるのです。虚時間からわたしたちの時間に変化したときの宇宙は極めて小さく、その半径は、宇宙がまだ素粒子の世界のスケールである10の33乗分の1センチメートル程度だったと考えられています。

「無からの宇宙創造論」では、宇宙そのものは「無」から生まれたとされています。ここでいう無とは、時間も空間もない状態のこと。しかしまったくなにもないわけではなく、量子力学と呼ばれるミクロの世界に特有の物理法則が存在し、その法則にしたがった「ゆらぎ」により、無数の宇宙が生まれては消えていくと考えられています。そしてその一つが、わたしたちの宇宙に成長したというのです。なお、「無境界仮説」と「無からの宇宙創造論」は表現こそ異なりますが、本質的には同じ理論です。

しかし、それでも謎は残ります。「ゆらぎ」によって宇宙が生まれるという法則そのものは、なぜ存在しているのか。わたしたちは多くの情報と知恵によって「宇宙の始まり」という人類最大の謎に迫っていますが、迫れば迫るほど、新しい謎が生まれてくるのです。

宇宙の終わり

宇宙の始まり同様、その終わりもやはり謎に包まれています。膨張し続けている宇宙は、今後どうなるのか。現時点の観測結果からは、宇宙は膨張し続けるのではないかと考察されていますが、ほかにも様々な可能性が考えられました。いずれ膨張が止まり、収縮に転じて小さくなっていき、ついには誕生時同様の極小サイズになってしまう（この終焉形態をビッグクランチといいます。ビッグクランチの後、何が起こるかはわかりませんが、再び膨張に転じるという説もあります）。あるいは、膨張も収縮も起こらず、次第に一定の大きさに近づいていく。これらの筋書きがいかに決まるかは、宇宙の中のエネルギーがどのようであるかに依存すると考えられています。

わたしたちは、宇宙の始まりも終わりも、まだ正確には知りません。では、観測できる限界を超えた、はるか彼方の宇宙については？　科学はその手を伸ばして、何かを理解することができるのでしょうか？

lesson.6

届かぬ世界を探る

「科学って、意外とクセ者なんじゃないの？」

「ストレートだよ。あんたのサラサラヘア並みに」

ヒトが観測によってかかわれる宇宙の姿を表現した〝宇宙図〟。
そこからは、宇宙の始まり、観測できる限りの宇宙の果て、
そして誕生以来今日までの、宇宙の膨張の様子が見て取れます。
では、その外側は？ 宇宙図で表されている外側にも、
宇宙は広大に広がっていると考えられています。
わたしたちに手の届かない宇宙を、知るすべはあるのでしょうか。
人間の知的好奇心に、その時、科学は応えられるのでしょうか？

天文学的確率、その2

尾を持って、頭の方を上に向けてみる。ピン、とまっすぐに立てば上々。口先は、濃い黄色であるべし。最後にエラを覗いて、鮮やかな赤なら新鮮だ。うん、完璧。お店でも試した動作をキッチンで繰り返しながら、わたしはコウイチに声をかける。

「今年、サンマ食べた？」

「うそ、今日サンマ？　すっげー嬉しい。初物」

「好きなの？」

「死ぬ前に最後の食事を、って言われたら、ご飯と味噌汁でサンマの塩焼き食べて死にたい」

「安あがり……じゃなかった、ずいぶん渋い趣味だよね。味覚方面は。ねえ、今日ともだちが来るの」

「え、そうなの？　帰った方がいいかな」

「違うの、気にしないで。ほら、サンマも3匹。……古いともだちでさ、あなたを見たいんだって。ミミっていうの。直感的なのに理屈っぽくて、辛口だけどいいコなんだ」

「なんだよそれ」

「音大生で、しかも作曲科だしね。ちょっと変わってるのよ」

「ミミちゃん？ ネコがサンマ食べにくるみたいだ。おれ、なんか手伝うわ」コウイチがキッチンにやってくる。

「じゃあ、この筑前煮をお願い」狭いキッチンで、お互いをくぐり抜けながら料理をする時間が、わたしはことさらに好きだった。彼はわたしにとって、料理に積極的な初めての男だ。得意なわけではなかった、というのがまた面白い。壮絶に下手だったのが、教えたらみるみるうまくなったのだ。これはコウイチという男のコの美点のひとつだと思う。てらいや先入観がない。失敗を恐れずに、自分を変化させる。こういった美しさは、いつまで維持されるのだろうか。それとも、生得的で失われないもの？

わたしたちは、常に懸命に料理に勤しむ。ダライ・ラマが、21世紀を迎えるに当たって全人類に発した19項目からなるメッセージがあるのだが、その最後の項目がわたしのお気に入りだった。冷蔵庫に貼ってあるそれを、彼も気に入ったらしい。〝愛することと料理にはわき目をふらない情熱を持って臨みなさい〟。ふっと通り過ぎてしまいそうにシンプルで、滋味深いことば。わたしたちは、生命をいただいてそれを自分の肉体に変え、その身体で誰かと愛しあう。だれもがそのことに自覚的で、ひたむきであるべきだ。そうしてわたしたちは、宇宙の元素の大循環の一部になる。

チャイムが鳴る。軽く手を洗って玄関へ急ぐ。

「おっひさー。元気⁉ うわ、お肌つやっつや」いつもの快活さでミミが入ってきて、わたしたちは固くハグをする。「これも彼氏パワーってわけね。で、お相手は……っと」

キッチンから出てきたコウイチが、呆然としていた。

「あ……あれ？ チアキ……ちゃん⁉」

「ウッソー‼ まさかコウイチ君⁉」とミミが耳元で大声をあげる。

なにが起こったのか把握できず、ミミとコウイチを交互に見やるが、二人とも息を呑みながらお互いに視線を交わし、説明を求めるようにわたしを見つめていることを発見する。ちょっと待ってよ。説明が欲しいのはわたしの方だ。やっとのことで口を開いて、「あんたたち……知りあい？」

「いや、っていうか……」とコウイチ。

「合コンで知りあってさ。飲んだことがあるのよ。2～3回。ね？」ミミが引き取る。

「それで？」

「そんだけ」

わたしはコウイチを振り返る。「……うん、そんだけ」

もちろんそうだろう。ミミがコウイチを相手にするわけがないから。それにしても。「ありえねー」と、コウイチが代弁してくれる。生臭い魚の匂いが、両手から無防備に立ちあがっている。まさにこんな事態のためにあるような言葉が、ふと脳裏をよぎる。天文学的確率。

宇宙原理

いわく言いがたい空気を察知したわたしの行動は、素晴らしく賢明だった。すだちだ。すだち買ってなかった。これ幸いとコウイチに頼むと、ただちにスーパーに出かけてくれた。

「しっかしさー。いったいなにがどうなってるわけ⁉」

「……わたしが聞きたいよ」脱力状態で答える。だいたい、この場面で誰かを問いつめる権利があるとしたら、真っ先にわたしじゃないのか。

二人でお茶を飲んで、状況を整理する。要は、わたしと知りあう前、コウイチが一時期ミミにご執心だった、っていうことらしい。こちらの出会いを話すと、ミミは涙が出るほど笑い転げてから「春の星座も、イキなはからいをするもんだ」と言った。「ハァ……おっどろいた。言っとくけど、あたしたちなんにもなかったからね。フッたことはフッたけど」

やっぱり。「あのさ、そういうのって普通、わたしには黙っとかない？」

「いや、でも好みや相性ってあるじゃん。男に絶対評価の点数なんてないよ。自分にとってどうなのか。ただそれだけ。っていうかキョウコ、年下解禁？」

「まあ、結果的に……ね。」

「うまくいってんだ？」

「わりとね」

「アッチの相性も？」

「余計なお世話です」冗談めかしたつもりが、思ったより強い口調になってしまう。

「……ひょっとして今回、本気だな？」

「毎回本気だってば！」

「ゴメン、わかってるって。でさ、コウイチ君のどこが好きなの？」

無粋な質問、と一蹴できないのは、ミミにはコウイチを袖にした過去があると知ったばにかりだから。意地というわけでもないだろうけど、なんだかこの件は、彼女には話すべき……というか、話してもいいような気がした。

「最初はね、まあその、好奇心とか勢いみたいなもんだったのよ」

「うんうん」ミミは全身を耳にして聞いている。

「それがさ」なるべく正確な言葉を捜す。

「ゆっくり変わってきたの。こう言ってよければ、お互いに〝化学反応〟みたいなものを感じてるのかも」

「……それって、思いっきりノロケてる？」

「違うんだってば！　それが恋愛じゃないの、って言われればそれまでだけど、でも今まで、そういうことを感じる相手っていなかったのよ」

ミミは眉根を寄せて考え込む。「う〜ん、真剣じゃん。しっかし、化学反応かあ。正確性を期した理系的表現なのか、一回転した文学的比喩なのか」

「ま、わたしの方はそんな感じで。それよりあんたは？」

「え、あたし？　あいかわらず、だな。ロクなオトコがいないんだもん」

「ロクなオトコの条件はなによ？」

「知性があること。ユーモアがあること。拘束しないけど、包容力があること。将来性抜群であるべし。以下多数につき省略」

「ハードル高過ぎ」

「自分の安売りはしないの」

「でもよ、たまたまミミの周りにロクなオトコがいないからって、ロクなオトコがこの世に存在しない、って決めつけてしまうのはいかがなものか」

「同じことよ、おーなーじーこーと。世の中、ダメ男ばっか」

呼ばれたように、ドアを合鍵でガチャッと開けてコウイチが帰ってきた。「なに？　楽しそうに。なんの話？」女子二人は声をあげて笑う。「宇宙原理の話よ」と、ミミにウィンクする。

「はい、すだち。なにその宇宙原理って」

「この宇宙は、どこまでも一様に同じような状態で広がっているように見えるでしょ？　銀河団があって、なにもないところがあって、また銀河団があって……みたいな。だからといって、わたしたちが観測できない遥か遠くの宇宙までも、わたしたちの宇宙と同様な宇宙が延々と広がり続けているだろう、って判断してもいいものかどうか」

話しながらわたしは、塩をふっておいたサンマ3尾を2つに切り分け、グリルに並べる。

さすがに全部は入り切らないな。

「それは、だめなんじゃないか？　5分観て駄作だと思っても、2時間後には号泣しちゃってる映画とか、けっこうあるじゃん」とコウイチ。

「なにその比喩。……けっこう的確じゃない」とわたし。「ミミはどう思う？」

「ん？　ひっかけ問題？　身の回りには、ダメ男ばっかり。なら、どうせその外側もダメ男ばっかりだろう、ってのがあたし理論。……てことは、科学的には、そんな風に考えちゃダメ！　もっと厳密であれ‼とか言ってんじゃないの？」

「残念。二人ともハズレ。見える範囲にダメ男しかいなければ、とりあえず見えないところもダメ男ばっかりだって考えよう、ってのが宇宙原理なの」

「え〜⁉」と二人。

「ただし、これは別に科学的な確からしさを保証するものではない。誤りが判明するまでは、まずこれに則って進めようっていう約束事、つまり作業仮説とでも捉えればいいかな」

「確かに、ダメ男の例で言えば」とコウイチ。「チアキちゃんの知りあいが一人残らずダメ男だとしてさ、そのまた知りあいに、すっごくイイ男がいる可能性は否定できないよな。例えばおれみたいな」

「じゃあそもそも、そんな不確かな宇宙原理の存在理由ってなにさ」ミミが食い下がる。

「うーん、ひとことで言うと、〝経済性〟かな。より思考の無駄をなくして、確からしさに、最短距離で近づくための手段」

「じゃあ、間違ってることもあるわけだ」とミミ。

「そうね。例えば、宇宙原理によれば、この宇宙はムラのない、均一な状態で広がっているんだって考えられてきた。でもインフレーション理論によれば、ものすごく大きなスケールで見れば、宇宙にはムラがあると考えられる。これは、宇宙原理の仮定に反する。だから、少なくともこの一点においては、宇宙原理には誤りがあるってことになる」

「ダメじゃん。宇宙原理」ミミはいつも極端だ。

「でもね、未知の世界に取り組むためには、なんらかの指針が必要でしょ？ そのために科学は、歴史的にそういった方法論を営々と築きあげてきたのよ。〝オッカムの剃刀〟とか、〝斉一性原理〟とか」

「うーん、けどなあ……」

「なんか気になるの？」

「なーんかこう、生真面目な人が、愚直に進んでは、ぶつかったら軌道修正してる、って感じ。キョウコみたい」

「ひとこと多いよ」

「科学って、そんなもんなん？　もっとこう、直感！とか。インスピレーション！とか。そういうので全体をガバッとつかまえる、みたいは発想はないわけ？」

そんな無茶な。「あんたが作曲するようなわけにはいかないんだってば。科学は」

「いや、でもチアキちゃんが言うように、アイデアが大きな役割を果たすこともあるんじゃないか？　科学の世界でも」

「例えば？」

「この前キョウコちゃんが教えてくれたブレーン宇宙論や超ひも理論。あれは、観測できない世界を合理的に説明しようとする試みだろ？　で、現にその仮説によって宇宙は説明できるし、間違ってるってわかるまでは、仮説としてＯＫなわけだ」

「うん、それで？」

「そこに理論の裏づけはもちろんあるとして、どっちかっていうとそれは後づけでさ、最初にインスピレーションありきだったんじゃないか、って感じたんだよ。だってすっごいヘンだもん。世界があんな風にできてるって考えるなんて」

「でもそれは、そのテーマを延々と考え続けたからこそ、ひらめいたんだと思うよ？」

「それをチアキちゃんは、インスピレーションって言ってんじゃないの？」

「ふ〜ん、なるほどねえ……」ビールを飲みながら、ミミがニヤニヤしている。「あんたたち、こういう会話してんだ？」

「え？ 別にいつもじゃないよ？」

「いいじゃん。なんか知的で。……それはそうと、あたしはね、世界は本当に合理的に理解できるような仕組みを持ってるのか？ってことには、疑いを持ってんだ」

科学の「クセ」？

「科学っていう言語では、世界の究極の真実を記述しきれない。これ、直感ね。例えば、バッハの最良の曲には、宇宙がある。あ、言葉の揚げ足取りはナシね。なんでそんなことがわかるかっていうと、あたしは感性はもちろんとして、理詰めでも作曲するわけだけど、最っ高に高揚している時って、ヤバイ!! 今、世界の本質のはしっこに触れちゃってるかも!?ってな、ちょっとエロチックな気分になるわけよ。けどあたしがそれを音の並びにした途端に、どこかに失くなっちゃうんだな。この、〝失くなっちゃう〟っていう切ない感覚。そこからすると、科学のメスって、すっごく乱暴に感じるんだよね」へえ。ミミめ、そんなことを考えてああいう曲を作っていたのか。正直言って、ちょっとわたしにはわからないタイプの音楽。いわゆる、現代音楽？

「まったく、プロクルステスのベッドじゃないんだからさ」

「なに、そのプリクラなんとかベッドって？」彼女は意外と博学なのだった。

「ほら、古代ギリシャの強盗のお話」とコウイチが割って入る。「旅人を泊めて、ベッドからはみ出すと手足を切り落として、ベッドより小さければ引き延ばして殺したっていう……」

「うわ、怖っ。でもコウイチ、なんでそんなこと知ってるの？らしくないよ？」

「そりゃないよ」と彼は笑う。「とっても偉い社会学者らしい、ウェーバーって人が引用してるからさ。で、そいつを教授がこないだの講義で引用して、そいつをおれが今、引用してるわけ。たしか、自分の理解できないものを、本質的じゃないって切り捨てる態度のことを言ってるんだとか」

「そうそう、そういうこと!! わかってんじゃん、コウイチ君。あたしにはね、科学にはある種の〝クセ〟があるように思えてならないんだな。科学は、クセ者」

「むしろストレートじゃないの。あんたのサラサラヘアみたいにさ」

「そりゃ、キョウコと違ってケアしてますから。……でもね、もし世界が合理的に理解できるような仕組みを持ってないんなら、科学はいつまでも、キョウコのいうところのストレートさだけが勝負で、〝科学の範疇〟でしか物事に迫れない。両手にすくった砂が指からサラサラこぼれ落ちちゃうみたいに、世界はすり抜けちゃうんじゃないの？」

ミミの言いたいことはわかる。でもこれは典型的な（しかも間違っている）〝感性と理性の対立〟じゃないのか。それぞれは、担う役割が違う。科学はもちろん、普遍的なものでなければならない。これ、ミミには伝わるだろうか？

「そこまで行っちゃうと、個々人の世界の捉え方の違いの話になっちゃうと思うんだよね。人類が知を普遍的に共有するためには、科学っていう共通言語が必須なんだ、ってわたしは思うけど」

「それはわかるよ？でも科学ってさ、プロクルステスのベッドみたいなとこ、ない？」

「まあ……それはあるかもねえ」ううむ、なんだか悔しいな。特に相手がミミだと。でもわたしたちは、科学というツールを使って、世界を裁断していくしかないのだ。ミミは、わたしの考えでは、ないものねだりをしている。

「あのー、お取り込み中すみませんが……ハラ減らない？　おれもう限界」

「ああ、そうよね。サンマ抜きで始めちゃおっか!!」

「賛成」

三人は、キレイな小鉢に盛りつけられたお惣菜の並んだテーブルに集まる。

「コウイチ、乾杯の音頭」

「え、おれ？……ていうかこの集まり、ホントよくわかんないんですけど」

「う〜ん、シュールだわ、あなたたちの2ショット」とミミ。

「全員そう思ってるって」とわたし。

「ゴホン。えーとね、ここに、20歳と22歳と28歳の男女が集まっています。なんだか知らないけど。これはもう、運命じゃないでしょうか。今も夜空に輝く秋の大三角形に誓って……」

「秋の大三角形なんてないよ」とわたし。

「え、そうなの？」

「春と夏と冬はあるけど」

「……とにかく、果てしない宇宙の広さと、驚くべき世間の狭さがもたらした出会いに、乾杯!!」

「カンパーイ!!」

コウイチは、わたしたちを前になにを思うのだろう。フラれた女と、付きあっている女に、思いがけず挟まれてしまった気分って? 男ならぬこの身に想像はつかないけれど、微妙に気まずいのではないかということと、わたしたち二人をつい比べてしまっているのではないか、ってことくらいは想像できた。

やがて前者の想像は、完全に裏切られた。なに、この平然とした態度は⁉ ポーカーフェイスのコウイチっていうのは考えにくいから、さっき、女の友情がなにをどこまで共有したのかということにまでは、思いが至らないのだろう。

「それにしてもさ、音大作曲科で、セミプロレベルで仕事もこなすチアキちゃんと、理系の大学で宇宙を研究してるキョウコちゃん。知りあいだとか思わないじゃん? 年もけっこう違うのにタメロだし。どういう関係なわけ?」

「あ、それは」と止めようとするものの。

「もう5年くらい前かな？　渋谷の今はなきクラブでさ」やばい。「台風のように踊り狂って、周囲にドーナツ状の空間を作ってた小柄なコがいたんだ。そんで面白そうだったから……」

「話しかけたら……？」と、コウイチがこっちを見る。

「あのころは、楽しかったよね〜」と、ミミがこっちを見る。

うぅ、人が封印している過去を。「彼女、なんでミミっていうんだと思う？」

「ちょっとキョウコ」

「その時にさ、『ミズキって名字だから、ミミって呼んで』っていうわけ。これね、オペラの〝ラ・ボエーム〟のヒロインなの。一途で繊細で病弱で、主人公を想いながら結核で死んじゃうっていう。うわ、このコって乙女なんだ！って」

「……ハイハイ、あの高校生が、こんなに立派にスレましたよ」

「ちょい待ち。なんか臭くない？」とコウイチ。

全員で顔を見あわせる。「サンマ!!」

グリルの上には、炭化した棍棒が乗っかっていた。「あ〜、おれのサンマ……お亡くなりになっちまって……」「もとから死んでるし」とミミ。「まだ焼いてないやつあるし」とわたし。帰り際に、ミミはささやいた。「コウイチ君、なんか男前になったぞ。変わった」「そお？」と返しながらも、彼女の意味するところはわかっていた。付きあい始めて半年。わたしたちはお互いの年齢なりのやり方で、溺れるようにお互いを与えあっていたのだから。

何も知らないだろうコウイチは、ミミに見えないように親指をぐいと立てて見せて帰って行った。彼の得意のしぐさだ。楽しかったよ、とか、また今度、とか。わたしにはそれで十分だった。ミミとのことは、このまま知らないふりをしておこう。

……あー、それにしてもっ‼ 疲れた。驚いた。コウイチの言う通りだよ。宇宙の広さに比べて、世間は狭すぎる。

講義6 観測できる宇宙の外

宇宙図が描く宇宙。それはあくまでも「観測によってわたしたちがかかわることのできる範囲」を表現しています。そして宇宙図のすりばちで表されている宇宙の空間は、どこかの時代でかならず、しずく形とかかわっています。

さて、直接観測できるしずく形、そこから間接的に導き出されるすりばち形ときて、そのすりばち形の外の宇宙は、いったいどのようになっているのでしょうか。

宇宙図の外への探求を始める前に、科学にとって、直接観測できない宇宙を考えるための前提となる原理や指針をご紹介しましょう。

オッカムのカミソリ

事柄を説明する時に、必要以上に実体を仮定しないという思考の指針が「オッカムのカミソリ」です。14世紀の神学者・哲学者であるオッカムが多用して有名になったもので、科学的論理においてなるべく少ない論理で事象を十分に説明できるのならそのほうが良い、と考えます。オッカムのカミソリで削ぎ落とされた後、残った理論についてのみ考えるほうが思考のプロセスが少なくすむという、効率的な思考法を示したものだといえます。しかし、シンプルな論理がより正しいとは限りません。「オッカムのカミソリ」はあくまで指針にすぎず、科学的な確からしさの基準ではないのです。

斉一性原理

わたしたちが経験していない未来や観測できない事象であっても、これまで経験したことや観測した事象と同様な条件が適用されうるならば、その未知の事象も、既知の事象と同様であろうと考えるのが「斉一性原理」です。わたしたちが観測している事象のルールである物理法則は、特筆すべき条件がないなら、わたしたちの宇宙のどこでも成立するだろうと考えるのも、この原理に基づいたものといえます。

宇宙原理

かつて地球は宇宙の中心と考えられてきましたが、科学が体を成し、宇宙の観測が進むにしたがって、地球はなんら特別な所ではないということがわかってきました。

小さく見れば、宇宙はムラだらけです。天体がひしめきあっているところもあれば、ほとんどない場所もあります。しかし宇宙図規模の大きなスケールでは、宇宙には特殊な場所がないと考えても、これまでの観測結果と矛盾しません。宇宙全体を科学的に考察するうえで「宇宙は大きくみればどこも同じようである」と考えることをとりあえずの前提とし、これを「宇宙原理」と呼びます。これもあくまで、科学的に考察を進めるための仮説です。実際、後述するインフレーション宇宙論によれば、わたしたちの観測範囲を大きく超えた範囲での宇宙は、宇宙原理にしたがわない、ムラのある宇宙であると考えられます。

これら「科学的なものの見方」は「わたしたちの宇宙がでたらめなものではなく、合理的に捉えられるのだ」という、人類が獲得した世界観をベースに、その合理的な世界を効率よく解析していくための方法論だといえるでしょう。しかしこれらにしたがうことが「科学的な正しさ」を増すわけではありません。これらは単に「事象を解釈するための態度の指針」にすぎません。おそらくそれが合理的な解釈に至る近道であろうことを、わたしたちは経験的に知っている、ということなのです。

しかし、では、宇宙は？　宇宙は本当に、わたしたちに理解できる合理性のみに基づいて構築されているのでしょうか?

それはともかく、ひとまずはこれらの考え方をベースに、宇宙図を超えた宇宙、つまり「人間が観測によってかかわることのできる宇宙」の外に対して、どのような科学的考察が行われているかをご紹介しましょう。

宇宙の形

右に述べてきたことから、「宇宙図」で描かれた範囲の外も「宇宙図」の中と同じようであると仮定するのが、科学的には妥当であるといえます。

では、こうした仮定に基づくと、宇宙はどこまで広がっていると考えられるのでしょうか。そして、宇宙の果てはどうなっていると考えるべきなのでしょうか?

宇宙の大きさが有限ならば、わたしたちの日常的なイメージでは、宇宙には果てがあり、その向こうには「宇宙の外」が広がっていると考えたくなります。しかし「宇宙の果て」や「宇宙の外」を設定することなしに、宇宙を描くことは可能です。たとえば、宇宙図では3次元空間を平面に表現しましたが(講義2を参照)、この平面が地球の表面のようになっていたとしたらどうでしょうか。球体の面積は有限ですが、果てはありません。また球ではなく、無限に広ければどうでしょうか。この場合も、果てを描かずに宇宙全体を表すことができます。宇宙の果てを考える必要がなく、また「科学的なものの見方」に準じるならば、とりあえず考えないことにしておく、というのがもっとも合理的な見解でしょう。これらの考え方をベースに、ありうる宇宙の形を図によって表すならば、以下のような3つに分類されます。

次ページの図形の表面が、わたしたちの宇宙空間を表しています。ここでは3次元が2次元として表されていることに注意してください(講義2

を参照)。また、これらのモデルはいずれも宇宙が一様だという仮定に基づいていますが、現実の宇宙全体は一様である必然性はないので、あくまで一様だと仮定したときのモデルとなっています。

下の図Aの「閉じた宇宙」の場合は、宇宙は球状で、大きさは有限です。この場合、宇宙空間をまっすぐに進んでいくと、いつかはもとの場所に戻ってしまいます。Bの馬の鞍のような形の「開いた宇宙」、あるいはCの「平坦な宇宙」の場合は、宇宙空間は無限となります。まっすぐに進んでも、もとの場所には戻りません。

これらの図においては空間の曲率(曲がり方の度合)が違います。「閉じた宇宙」は曲率が正、「平坦な宇宙」は曲率が0、「開いた宇宙」は曲率が負となります。宇宙空間はそもそも平坦である必要はなく、曲がっている方が自然なのです。曲がり具合は、宇宙が縮まろうとする力(重力)と、広がろうとする力(斥力)の状態によって決まり

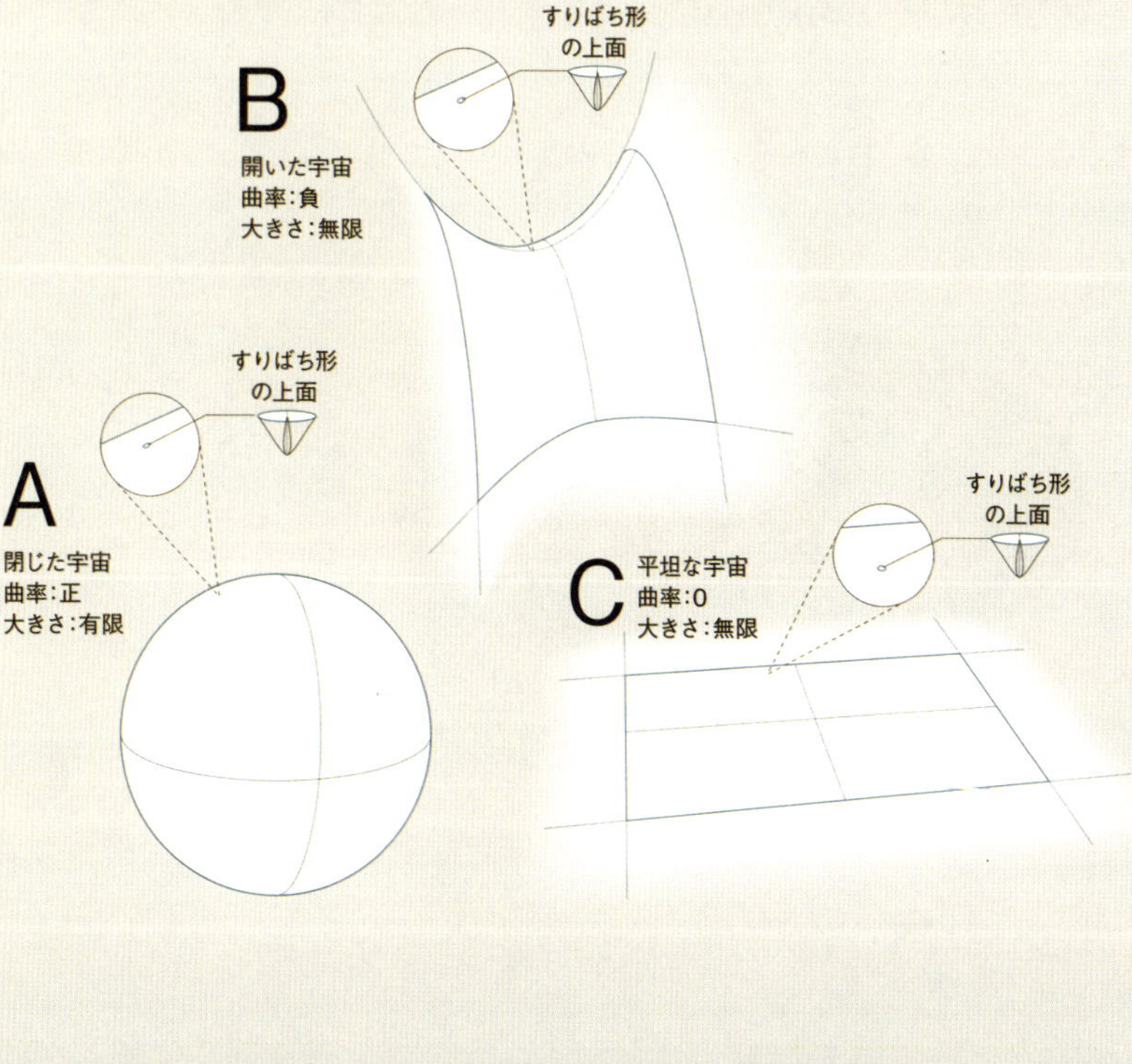

ます。もし重力が優勢ならば「閉じた宇宙」、拮抗していれば「平坦な宇宙」、斥力が優勢なら「開いた宇宙」になると考えられています。では、わたしたちの宇宙はどのようになっているのでしょうか。計測結果からは、宇宙全体の形を予測できるような曲がりは見つかりませんでした。現実の宇宙は、ほとんど平坦だったのです。これは、宇宙誕生時に、重力と斥力のバランスが、極めて絶妙なバランスを保っていなければならなかったということを意味しています。なぜ宇宙はそのような極めて確率の低い条件を満たし、平坦な状態となったのか。この不自然な現象は説明が難しく、「平坦性問題」と呼ばれています。

宇宙の急激な膨張　インフレーション宇宙論

下の図は「宇宙背景放射」と呼ばれる現象を捉えた画像です。これは「宇宙の晴れ上がり」直後に放たれた光を観測したものです。これこそが、実は「わたしたちが観測できるもっとも古い光」であり、しずく形の一番下の円が表す、約4000万光年の半径の球の表面で放たれた光なのです。

観測できるもっとも古い光を観測することは、宇宙誕生の謎のカギを得ることにもなります。この画像からはさまざまなことがわかったのです。が、同時に、大きな謎も提起されました。この観測データによると、宇宙はあまりにも均質にすぎるのです。宇宙背景放射の光は、温

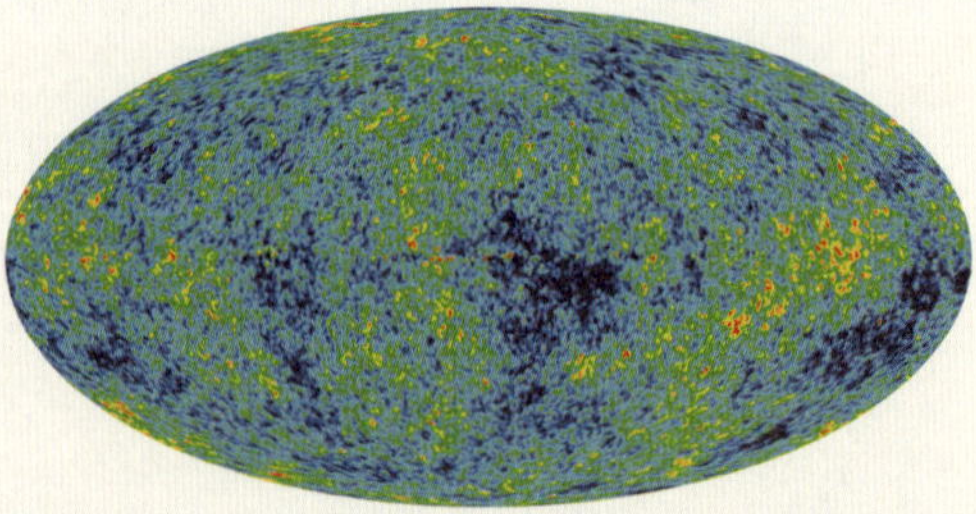

WMAP（ウィルキンソン・マイクロ波異方性探査機）がとらえた宇宙背景放射

NASA / WMAP Science Team

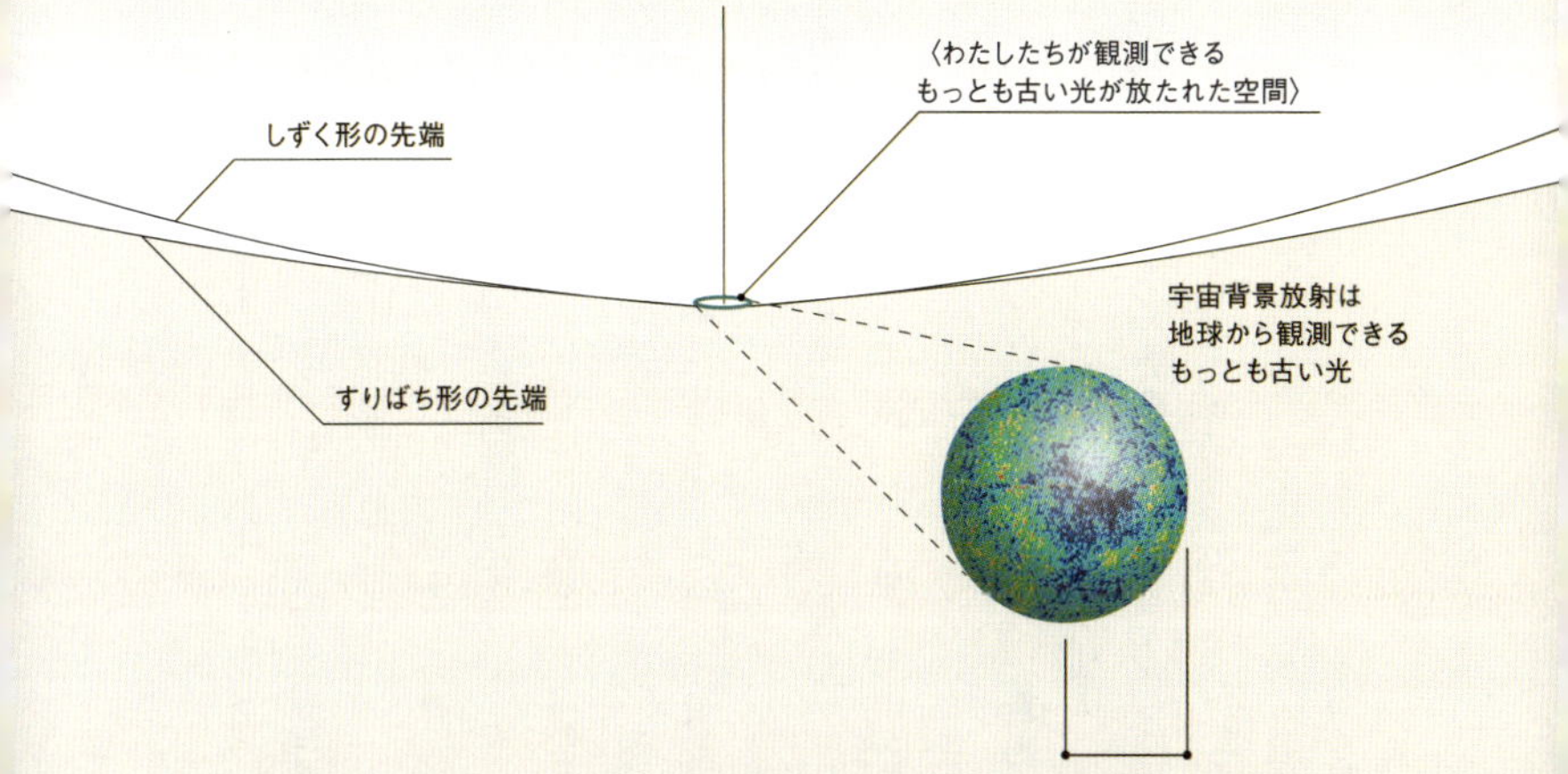

度を表してもいるのですが、この温度のムラは10万分の1ほどしかありません（図ではこのわずかな温度のムラが強調されています）。晴れ上がり直後のころの風景は、もっとムラがあってもおかしくないはずなのに、なぜこのようにムラがないのか？これを「地平線問題」といいます。

前述した「平坦性問題」とあわせて、これらを一気に解決する論として、「インフレーション宇宙論」が提唱されています。宇宙が生まれたときに密度にムラがあったとしても、あらかじめ十分に大きくなってしまえば、わたしたちには、その宇宙のほんの一部しか見ることができなくなります。一部しか見ることができないのならば、全体としてムラがあっても、それを認識できません。また、宇宙空間が曲がっていても、わたしたちの観測できる宇宙に比べて宇宙全体がとてつもなく大きければ、曲がりは観測できません。先に挙げた3つの宇宙の形の中に描き込まれた宇宙図が非常に小さいのは、インフレーション宇宙論に準じた表現にしてあるためです。

「インフレーション宇宙論」では、このような膨張のプロセスが、ビッグバン以前の宇宙の成長の過程で起こったと考えます。この理論にしたがった場合、宇宙はわたしたちの観測できる範囲をはるかに超えて広がっており、かつ、その広大な宇宙はムラや曲がりのある、宇宙原理にはしたがわないものだということになります。そのようになるための宇宙の大きさはよくわかっていませんが、いくつかの仮定に基づいた見積もりでは、最低でも数兆光年もの大きさが必要だと考えられます。さらにインフレーション宇宙論は、わたしたちの宇宙以外の宇宙が存在することをも予測しています。しかも、わたしたちの宇宙からも、新たな宇宙が生まれる仕組みが存在していると考えられているのです。

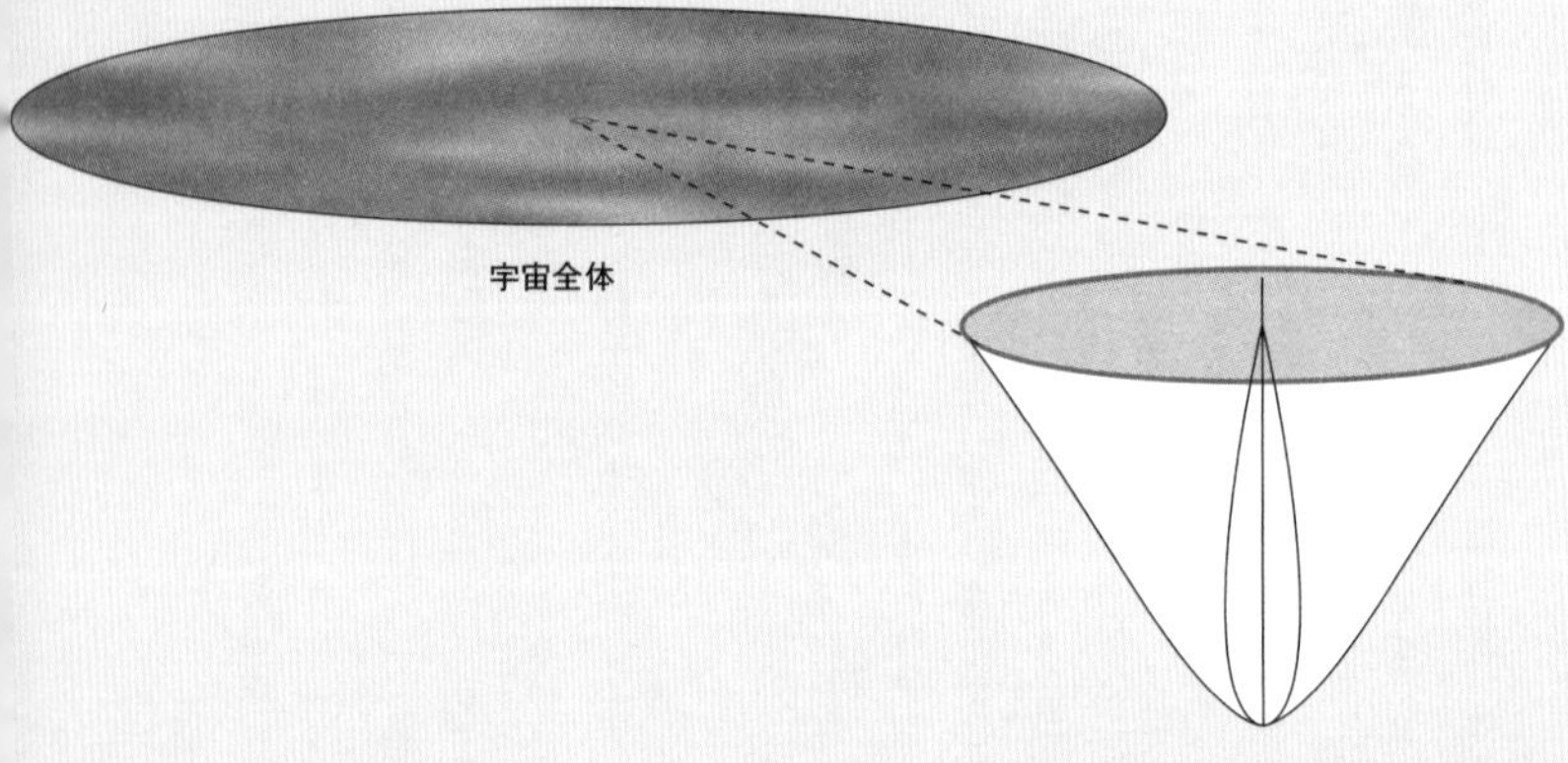
すりばち形＝観測によってかかわることのできる宇宙
むらがあっても、ごく一部だけをみれば、
むらがないように見える

時空の外　ブレーン宇宙論・超ひも理論

わたしたちの宇宙は、空間の3次元に、時間を加えた「4次元時空」です。ではこの4次元の他の次元はどう考えられているのでしょう。「ブレーン宇宙論」では、わたしたちの宇宙（空間＋時間の4次元時空）は、さらに高次元の中にただよう膜《ブレーン》（とはいっても平らなものではなく、わたしたちの4次元が高次元に比べて次元が少ないことを表す比喩的な表現です）のようなものだと考えられています。

また、ブレーン宇宙論に基づき、宇宙創成のシナリオやインフレーション宇宙論が再構築されていますが、一方ビッグバンの原因にも、異なった仮説が提唱されています。この仮説では、わたしたちの住んでいる膜《ブレーン》と他の膜《ブレーン》との衝突によってビッグバンが起こったのだとされています。

ブレーン理論は、量子力学的な仮説である「超ひも理論」を宇宙論に応用して提唱されているものです。超ひも理論とは、わたしたちの4次元時空を構成する素粒子（物質の元となる最小の粒子や力の媒介となる粒子）に関する仮説です。

この理論では、素粒子は、膜《ブレーン》に端部を覗かせている、ひも状の存在であると考えられています。そして実は、この膜《ブレーン》はひもの端部の集合体なのです。ひもの端部以外はわたしたちが日常知覚できる時空とは違う次元にあり、見ることができません。またこの理論においては、いまだ未発見である重力子（重力を媒介する粒子）は、端部をもたない円状のひもとして解釈することができます。

わたしたちの世界をこのようにひものふるまいで説明するためには、わたしたちの時空である4次元のほかに、極めて小さく巻き上げられた6次元が必要です。残念ながら、これらの次元は現代の技術をもってしても観測することができないばかりか、想像することさえ困難な世界です。しかしわたしたちの宇宙を構成する素粒子を合理的に説明しようとすれば、そのような見えない宇宙が、見える宇宙の背後にあるとも考えられるのです。

このように科学は、「見える世界」を超えて、それを成り立たせている「見えない世界」へと、合理性を基にして歩みを進めているのです。

lesson.7

すべての舞台

「空間で、いくら考えても掴み所がないねえ……」
「そうねえ、空間だけにねえ……」

あまりにも当たり前の存在すぎて、

逆に、それについて考えることが難しいもの。

その最たるものが「空間」ではないでしょうか。

「水」や「空気」なら、触れ、重さを量り、位置を特定できます。

それに対して「空間」とは、〝なにもないこと〟。そんな「空間」が、

宇宙においては膨張している、というのです。

〝なにもないこと〟が膨張するとは、どのような意味でしょうか？

それを知ることは、宇宙の秘密に大きく迫る一歩となるでしょう。

ライトスタッフ

「あなたがわたしの研究に、どれほどの影響を与えているか、知ってる？」

「おれが？　まさか」

ぼくらはピッカピカに秋晴れの日曜日、新宿御苑の一角にレジャーシートを敷いて紅葉狩りに来ている。ついでに言うと、紅葉狩りって、別になんにも狩るわけじゃないんだってのは、人生20年目にして始めて知った。ちょっとがっかりしてるってのは、彼女には内緒だ。

「おれたちが話してるのは、宇宙とか科学の〝そもそも論〟みたいなもんじゃん？　キョウコちゃんの専門に関係あるの？」

「あるよ。わたしたち研究者は、世界中で協働して、未知の世界を探っている。効率性を高めるために、それぞれが専門分野に別れて、とある領域に特化して、狭く深く研究する。けれども本心は一つなのよ。この世界を知りたい。その仕組みや存在理由を。自分の、人間という存在の、ルーツを知りたい。知れば知るほど奥行きを増す世界の不思議を解き明かすために、科学というツールを磨きあげたい。そう思ってる」

「そんな深遠なことを考えている誰かさんをとっつかまえて、おれやチアキちゃんみたいなド素人が茶々入れているわけだな」

「そうね」と彼女はニッコリする。「ミミとも、あなたを媒介にしてこんな話をするようになったな。以前はお互い、科学と音楽に接点なんてないと思ってたから」

「でも、彼女のツッコミは鋭い」

「鋭いっていうか、膝をカックンってされる感じ」と彼女は苦笑する。「わたしたちが話していることは、〝科学〟という言語に還元できるのか、それとも、そもそも翻訳不可能な価値観なのか。それを考えるのは、今のわたしにとっては、大切な時間」

どっちかっていうと彼女は、あんまり自分のことを話したがらない。今日はなにか（彼女がたまに口にする「優しい空気の日？」）が、彼女を開放的にさせてるみたいだ。今なら、ぼくらを引きあわせ、同時にぼくらの生き方を決定的に隔てているなにかを、聞き出せるかも。

「いつかのキョウコちゃんの質問を、返してもいいかな？」

「なに？」

「なぜ、そこまで宇宙に惹かれてるのか」

彼女は笑ってぼくを優しくシートに押し倒してから、自分も横になった。

「たいした内容のない話こそ、なぜか話し出すと長くなるのよね。大量の情報をエレガントに圧縮してみせる数式の世界とは、大違い」

「あなたがいつもわたしのことを褒めてくれるのは嬉しいけれど、告白すれば、わたしは醜い少女だった。容貌も心も。いつでも不機嫌な顔をして、世界はつまらないって思い込んでた。父の仕事は転勤が多くてね。子どもなんて、親とともだちと先生だけが全世界、みたいなものでしょ？ わたしの世界はすごく不安定だったの。行く先々で、馴染めなかったり、言葉遣いでいじめられたり。ようやく馴れてくれれば、世界はまた白紙に戻ってしまうのよ。一からやり直し」

そんな過去話、初めて聞いた。ちょいと頑なで、ごくたまに情緒不安定の気味が感じられなくもない彼女。それって、過去についての自己認識と関係あるんだろうか。

「そういう子が星空を見あげるのって、どんなことだか想像がつく？ わたし、四季の星座をみんな暗記していた。星座のかたち。エピソード。昇ってくる時間とかね。横浜から広島へ引っ越そうが、静岡に行こうが、星空だけは、変わらずそこにある。深くて優しい輝き。絶対になくならないし裏切らない、わたしと世界のつながり……。ねえ、こんな話、つまらなくない？」

「とんでもない！　聞きたいよ。今、ここで、どうしても」彼女をかたちづくったものを、もっと深いところで、ぼくは理解したかった。

「そう……。それでね、わたしは早熟だった。成績も良かったし、恋愛経験も……初めて付きあったのは、40代の男だったかな？」（なんだとぉ‼　こともなげに話す彼女の言葉に少なからずショックを受けたことは、正直に告白しておこう。とにかくぼくは、一生懸命平然とした顔をしてやり過ごした。……しっかしマジかよ）

「〝今この状況〟を、とにかく抜け出したかったのよね。そうやって同年代の連中の幼さをバカにしてたの。登校拒否なんて日常茶飯事で。いずれ心に無理がきて、病院のやっかいになったりして。でもずっと、星空はわたしを守ってくれている、と感じていた。そこにあるはずの……想像もできないような広大さ、気の遠くなるような時の流れ、絶対的な沈黙……そういったリアリティは、ちっぽけなわたしの心の中で起こっている日々のつまらない感情の起伏なんかよりも、真実味を感じさせてくれることさえあった。すべてがひとごとのようで……あのころのことって、なんとなく思い出したくないのよね。今でも」

「それ……そういう感覚って……なんていうかその、もう克服したの？」

「ええ。もうだいぶね。わたしは必然的にこの道を選んで、真剣に勉強を始めて、そりゃあ猛勉強して、おそるおそる、自分自身の脚で主体的に世界に立つことにした。そして本当にゆっくりとだけど、健康であること、世界に感謝すること、誰かを心から愛することを学んだの。ほらね。つまらない話って、長くなるでしょ？」

ぼくは、自分を醜いと思い込んでる小さな女の子に胸がチクチクするような痛みを覚えて、その子の現在を……成熟した大人の女性の顔を、あらためて見つめ直した。濡れたような瞳がこちらを見つめている。この中に、ぼくらがこれまで話してきたすべてと、これから話すすべてがある。この人だけの、誰にも取り替えのきかない内面を映し出す鏡。それは今、ぼくだけに向けられて、目一杯に見開かれている。それをどんな喜びや感謝の言葉で表せばいいのか、ぼくにはわからない。なんだか不器用だけど、ぼくは小さく「ありがとう」とだけ言った。口に出してみると、この場でぼくらが共有しているすべてを肯定してくれる、ささやかだけど確かな言葉だと思った。

真っ赤なもみじの葉がひらひら落ちて来る。冗談っぽくそれを彼女の豊かな黒髪に挿すと、鮮やかな髪飾りの下で、ばかね、という目で彼女は微笑む。

「ありがちなお話かもしれないけれど」と彼女。「天文学者として生きていくには、ぴったりの人材だと自分でも思ってる。ポストがあるなら」

ポストがあるなら――。そう、彼女には現実が迫っているのだった。ぼくとは違う世界で、ぼくとは違う大人の時間を生きている彼女には。

「空間」を疑う

チアキを待ちくたびれたぼくらは、ポットから熱々のコーヒーを注いで回し飲みする。「今度は、あなたの番。あなたはどうして、わたしのような年上に、あんなに強引に迫ろうとしたの？」

「単純に、知らなかったから。そんなに年上だったなんて」

彼女が強烈な肘鉄をくらわせ、ぼくはしばらく笑いながら身悶える。

「……後悔、したくなかったんだ。おれは単純な男なんだ。たいがいの決断は、それで説明がつくよ」

「あなたは……あなたは、本当の自分より幼い自分を演じて周囲を騙している。そうすることで少しだけ優越感に浸って、そうして自分を守っているんじゃないかって思うことがある。わたしの見立て、間違ってる？」

「知らなかった。キョウコちゃん、カウンセラーの資格も持ってんのか」

「茶化さないで。間違っていたら謝るから。純粋に、あなたのことが気になるの。それに、あなたにとって、今のわたしがどんな存在なのかを考えているのよ」

「でも、どうしてそんな……」彼女の物言いになんだか不穏な空気を感じたぼくの問いかけは、ようやく（というか、いつも通り遅れて）登場したチアキに遮られた。

「お二人さん!!」自転車から降りながら、「面白いネタ持ってきたぞ。今月号の『ガリレオ』の特集、〝空間とはなにか〟だってさ」雑誌をふりふり、斜面を下りてくる。

彼女はいつでも違うテイストの服を着ていて、それが驚くほど完璧に似あってる。今日はドレープの効いた丈長のワンピースに、刺繍がきれいなトップスを重ねて、コットンの上品な素材感と、淡い色彩の組みあわせで魅せている。まるで映画のワンシーンから抜け出てきた、お嬢様のピクニックってな感じだ。いったい彼女のワードローブはどうなってんだ？っていうか、そのカッコでこのボロボロのレジャーシートに座んのか!?

ぼくらは車座になって、それぞれが作ってきた料理を突っつき突っつき、『ガリレオ』を回し読みした。黙読じゃない。他の二人に聞こえるように朗々と音読するのだ。ときおり通り過ぎる他人の視点が突き刺さったけど、ぼくらは平気だった。この世界に豊かさ（例えば新宿御苑で『ガリレオ』を読みあげる三人組）を加えるってのも、生まれて来たものの使命のひとつだ。三人は、なぜだか気があった。性格は全然違うんだけど、会話が弾む。みんな、おしゃべり好きで議論好きで美味しいもの好きだ。そんなわけでちょくちょくツルむんだけど、チアキにフラれて、その日にキョウコちゃんに出会った、ってのはぼくだけの秘密だ、当然ながら。

そんなぼくらは、この特集はてんでダメだ、という判定を下した。「掘り下げが甘ーい!!」チアキがばさっと雑誌を投げ出す。「そもそもさあ……」と、道行く男を振り向かせるような整った顔立ちの眉にタテ皺を刻みながら、「空間が膨張する、ってどういうことよ!?　ビッグバン以来、宇宙は膨張しているって、判で押したようにしたり顔で書いてあるけど」

「それはほら」とぼくがキョウコちゃん仕込みの知識で答える。「比喩的に言えばだね、風船の表面にマジックで点々を描く。風船を膨らませる。すると、すべての点を基点にして、すべての点がお互いに遠ざかっていく。って感じだよ」

「それが甘いっていうのよ。だってさ、風船は物体だもの。そりゃあ印を付ければ、伸びたなら伸びたってわかるよ？　でも今問題にしてるのは〝空間〟そのものじゃん？　あたしの認識だと……キョウコ、間違ってたら訂正してよ？……空間っていうのは、なんにもないこと。だから、宇宙が膨張してるって言われても、『そりゃあ銀河と銀河の間が相対的に離れてってるだけで、別に空間自体は関係ないんじゃないの？』って思っちゃうわけよ」

「むむむ……」とぼくは答えに窮してしまう。

「百歩譲って、『ビッグバン以来、銀河と銀河の間の距離は広がり続けています』ならいいよ？　でもさ、空間自体には、印なんて付けらんないじゃん。画鋲でも打てるんならともかく。そういう性質を持ってないから空間っていうわけで。じゃあ、ビッグバンていう、今の宇宙の運動の源になったような現象があったとしてさ、『空間は実は膨張もなにもしていなくて、銀河同士の距離が広がっているだけなんだ』ってことと、『空間自体が膨張しているから、その空間の上にのっかった銀河同士の間の距離が広がっていくんだ』ってことは、どうやって区別すんのよ？　これって、全然違う話じゃない？」

「そうねえ」とキョウコちゃん。「ミミって、時々びっくりするような問題の見つけ方をするよね。さすがアーティストの卵ってところか」

結局、空間って?

チアキが投げかけた問題は、一般的な説明でわかった気になっているぼくの理解なんかが、いかに浅薄なものかを思い知らせるものだった。「う〜ん、考えれば考えるほどわけわかんなくなるな。空間って、掴み所がないっすねえ」

「そうねえ、空間だけにねえ……」とキョウコちゃん(優しいことに誰もツッコまなかった)。

ぼくはチアキが投げ捨てた『ガリレオ』を拾いあげて、余白に宇宙図を描いてみた。雑誌の記述と宇宙図を、交互に目で追いかける。

「ちょっ……ちょい待ち。わかった、わかったかも。おれ天才かも!?」

「なに、どういうこと」とチアキ。

「今の問題はさ、空間ていうのは〝なにもない〟ことなのか、ある種の〝物理的実体〟なのか、ってことじゃん。だったら……」とぼくは、宇宙図のしずく型の曲線を、何度もペンでなぞってみせる。

「それだ! それ! すごいよコウイチ!!」

「ちょっとちょっと、なによ、ぜんぜんわかんないよ」

ぼくは自分なりの言葉でチアキに説明してみる。「空間が、チアキちゃんの言うように〝なにもないこと〟だとするじゃん？ とすれば、空間は、なにかを伝える〝媒質〟ですらない、ってことになるよな？」

「媒質？」

「そう。例えば音を取りあげようか。音は、空気を媒質、つまり仲介物にして、波形のかたちで伝わっていく。でも真空中では、空気という媒質がないから、音は伝わらない。つまり、空気は音を伝える役割を果たしている〝物理的実体〟ってことになる。ここまでは、ＯＫ？」

「うん、ＯＫ。それで？」なんかおれ、キョウコちゃんみたいだな。

「じゃあ、空間はどうなんだろうか。媒質か、媒質じゃないのか。これをよく考えてみると、少なくとも光は空間を伝わる、ってことに思い当たる。そこで、もし空間が光の媒質だとするなら、その中を走る光の軌跡は、空間の膨張にしたがって影響を受けるってことになるはずだ。逆に、空間が媒質じゃないなら、光はその性質上、常に直進するはず。ところが、ほら、どうよ？」ともう一度ぼくは、誇らしげにしずく型の曲線をなぞってみせる。「光の軌跡は、時間とともに曲がってる。これは、空間が媒質であるからこそ起こる現象だよね。つまり空間って、〝なにもない〟ってことじゃなくて、少なくとも媒質なんだ。つまり空間は、〝実際に〝膨張してるんだよ!!」

「う〜ん……。もっとわかりやすく、音楽に例えて説明してくんない？」

「そりゃ無理だよ」と笑いながら、宇宙図を描き込んだ『ガリレオ』を手渡す。「これを落ち着いて復習すれば、きっとわかるから」

「なんかさ、あんたたち最近、似てきたんじゃないの？」

「ふむ」とキョウコちゃん。「つまり空間は、ある種の物理的実体である、と。……これが、アインシュタインの相対性理論と関係しているわけか。大学の、そっち方面のともだちに聞けば、きっと明確な科学的説明をしてくれると思う」

「よし！　じゃあそれ、キョウコちゃんの宿題。今度みんなに教えてくれよ」

「う〜ん……。コウイチ君て、ひょっとして見かけによらずキレ者!?」

「まあ、たまにね」

「ちょっ、なんでキョウコちゃんが。っていうか〝見かけによらず〟ってなんだよ」

「それにしてもキョウコ、空間なんて基本中の基本概念じゃん。研究者の卵が、そんなことでいいわけ？」

「……な〜んか腹立つな。あんたに言われると。まあ、わたしの勉強不足は認めよう。今の科学はすごく細分化されているから、同じ宇宙でも、専門分野以外にはまったくうとい、ってことが平気で起こるのよ。でもわたしは……いずれオールオーバーな研究者になりたい。それでいつか、ミミをぎゃふんと言わせてやる」

「ぎゃふんて。それ、いつの言葉よ？　死語だよ、最近聞いたことないよ」

「ええー、そんなことないって。ばりばり現役じゃないの。生きてるよ」

「死んでるよ」

「使うよ」

「使わない」

「コウイチ？」「……君？」二人が揃ってキッ‼とこっちを睨みつける。

「うわ‼ちょっと。ノーコメント。ってことじゃダメっすか？」

「ダメ」

「あたしかキョウコ、どっちか選びなさい‼」

なんなんだよ。この微笑ましい少女漫画みたいな展開は。

それにしても、いくらでも派手で面白いともだちの人脈があるチアキが、ぼくらみたいな地味目のカップルとツルみたがるのはなんでなんだろう。それにだ。普通、親友が誰かと付きあいだしたら、ちょっとは遠慮して意図的に疎遠にしたりしないか？（しかもだ、彼女の側は知らないこととはいえ、彼の側をフッたっていう前例つきなんだぞ？）。でもチアキときたら、どこ吹く風って感じなのだ。ま、あのコの考えてることはよくわかんないからな。それにこの三人組、楽しいからいいんだけどさ。

講義7　空間とはなにか

なにもないのに膨張するって？

これまでの講義で「宇宙空間が膨張する」という表現をしてきました。しかし、空間が膨張するというのは、一体どういうことなのでしょう？　わたしたちの日常的な言葉の意味では「空間しかない」というのは「なにもない」と同じ意味なのですから。

物質が膨張する、というのはわかります。しかし「なにもない」が膨張するというのは、考えてみれば（みなくても？）非常に変です。膨張する「空間」とは、わたしたちが日常考えるようなものとは違うのでしょうか。宇宙空間が膨張するということと、天体が互いに遠ざかるように移動することとは、違うことなのでしょうか。

空間という「実体」

実は、相対性理論では「空間」とはなにもないのではなく、物理的な実体をもったものと捉えられています。それは光を含む電磁波を媒介するもの（媒質）などになっています。その媒質が膨張しているということは、光もその膨張の影響をこうむった動きをするということです。宇宙図のしずく形には、まさにこのことが描き出されています。光は、宇宙の膨張によって、しずく形の表面を伝うようなコースを描いて地球に届きます。このことは、歩く人が「動く歩道」の動きに影響を受けるのと同様、光が空間の膨張の影響を受けた結果であることは講義3でご説明しました。もしも宇宙空間そのものの膨張で天体が遠ざかっているのではなく、膨張していない空間の中を、単に天体同士が離れていくように移動しているだけだとしましょう。その場合は、しずく形はしずくの形にはならず、講義2で見たような円錐形をしているはずです。

相対性理論は、そのような空間のもつ性質の、ある側面を解き明かしました。では、時間についてはどうでしょうか。相対性理論によると、実は時間と空間はそれぞれ独立したものではなく、一体的にふるまう物理的実体として扱われます。ですから、空間と時間をまとめた「時空」という物理的な実体があると考えるのがより適切だと考えられます。時間と空間が一体的にふるまう様子を、本講義では「ミンコフスキー時空図」を用いて、実際に皆さんにご覧いただきましょう。

相対性理論がアインシュタインの業績であることはご存じでしょう。相対性理論は特殊相対性理論と一般相対性理論に分かれます。そのそれぞれにおいて、空間と時間、つまり時空がどのように表されているのかを説明します。

特殊相対性理論

特殊相対性理論では、時間や空間が、異なる等速直線運動をする観測者においてそれぞれ異なっていることを明らかにしました。常識的には、時間や空間は共通のものであって、それらを測る人によって変化するとは考えません。例えばわたしの10分後の世界は、誰にとっても同じ10分後の世界で、わたしの20㎝の鉛筆は誰から測っても20㎝だと考えられます。ところが実際にはそうではなく、時間や空間は、それを観測する人の運動の状態によって、相対的に変化するものだったのです。この、互いに異なる時空の関係を表現したものが、ミンコフスキー時空図と呼ばれるものです。以下に例をあげて説明しましょう。一見むずかしそうですが、じっくり読んで理解すると「時間と空間は一体だ」と実感できるでしょう。

Aさんは、光の速度の1／3程度で右方向にわたしから遠ざかっています。Aさんとわたしはそれぞれ、長さ1光年の長さの棒を一本ずつ持っています（実際にそんな棒があっても持てませんが）。

これを、わたしの立場から図示すると左の図（上）のようになるのでしょうか。この図では、わたしの立場ではAさんが右に動き、Aさんも棒も同じように右に移動していることがわかります。この図では、わたしの棒もAさんの棒も、長さは同じです。このような図は、長い間正しいと思われてきました。しかし相対性理論が示す時空のふるまいからすれば、これは間違った描き方なのです。では、正しく描くとどうなるのでしょうか。実は左の図（下）のようになるのです。

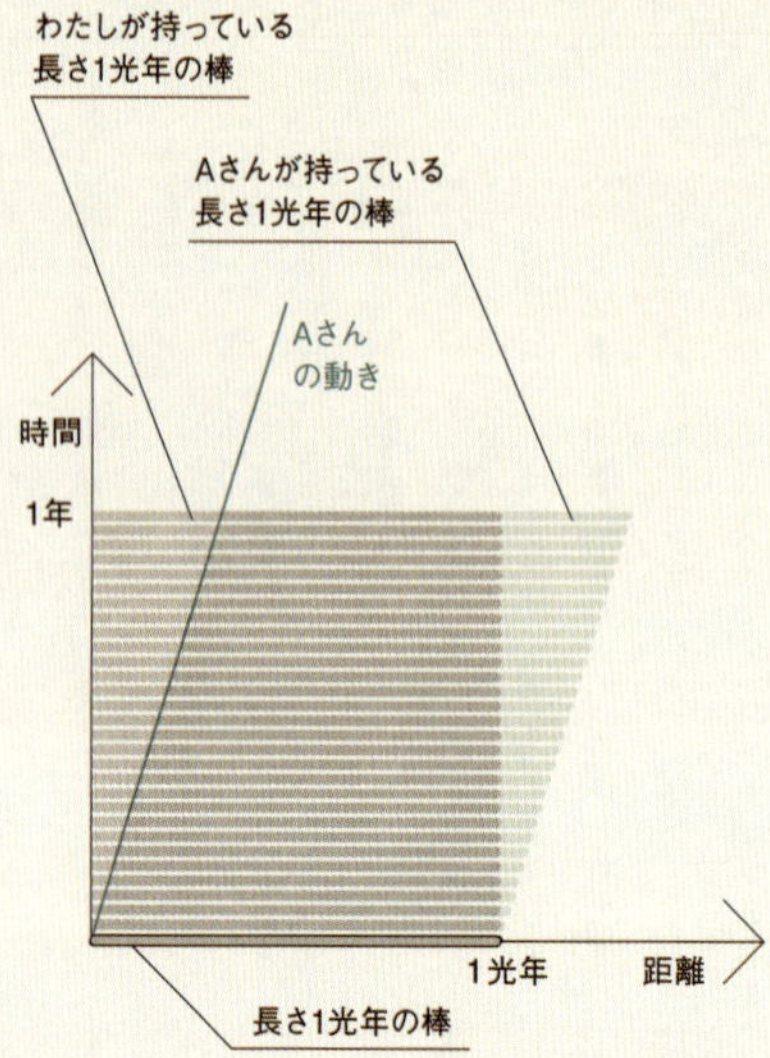

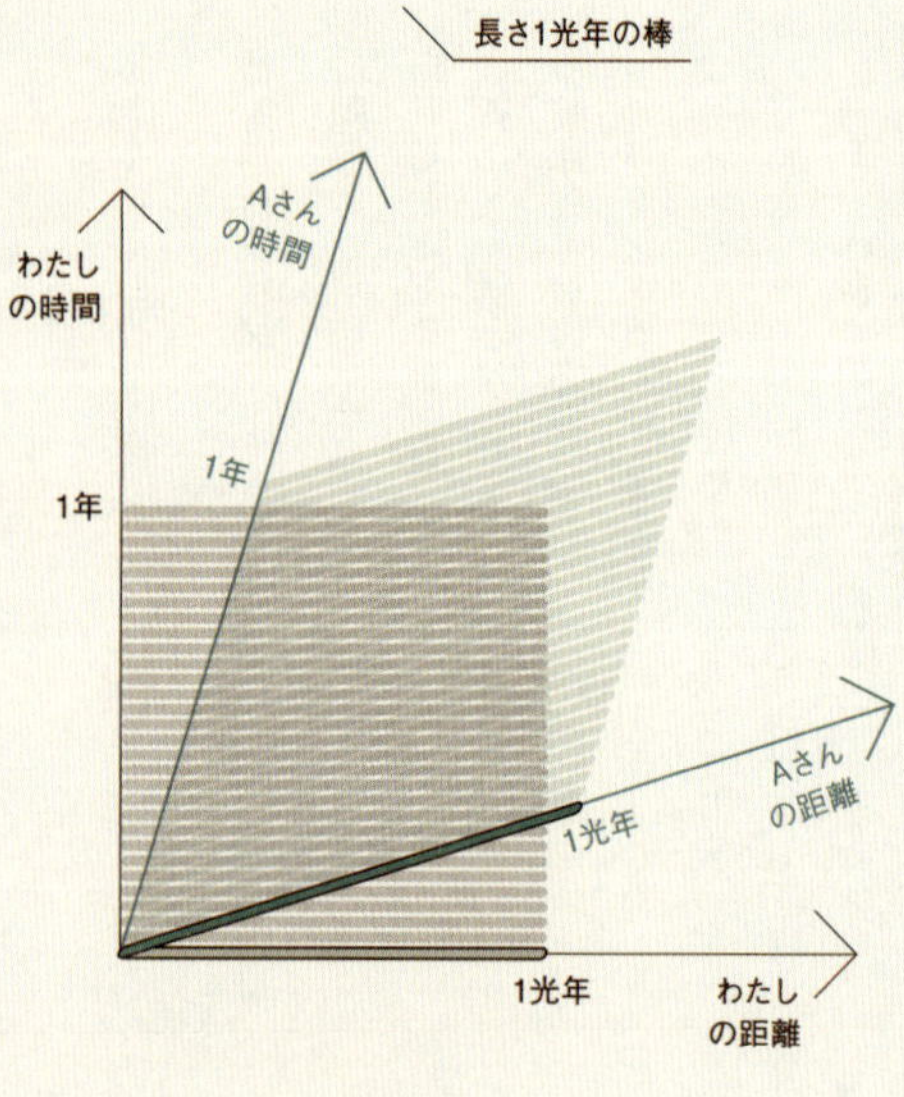

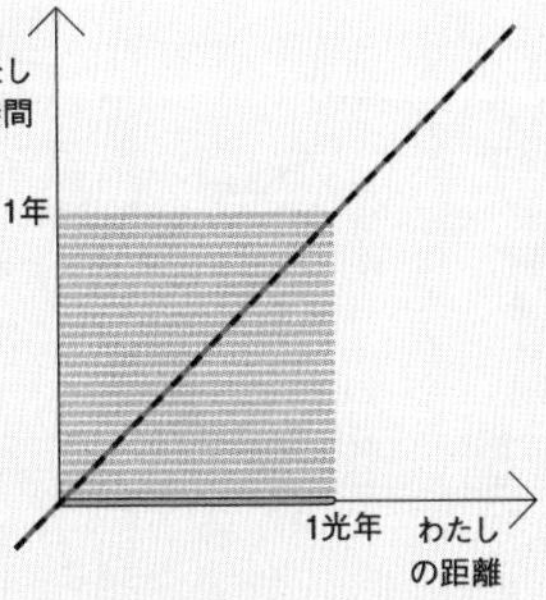

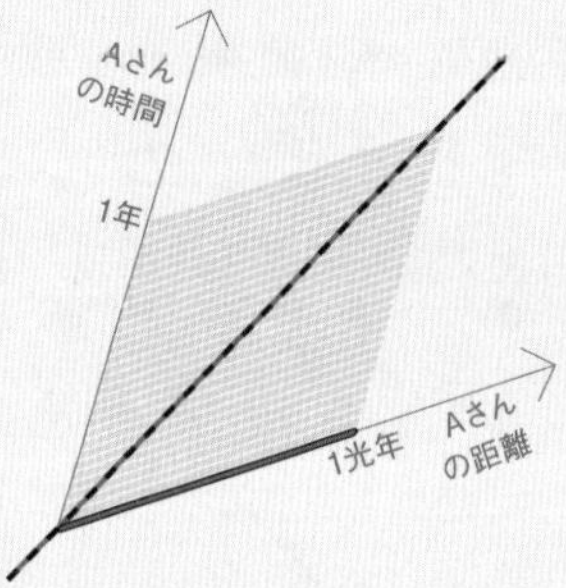

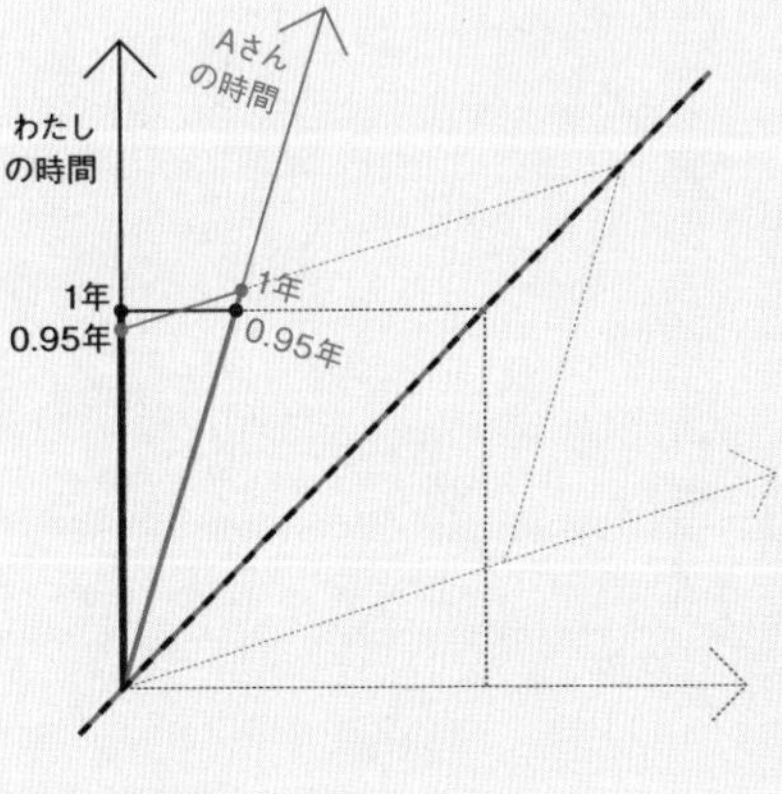

これがミンコフスキー時空図です。Aさんは、光速の約1／3でわたしから遠ざかっています。ちょっとわかりにくいので、わたしの軸とAさんの軸を分けてみましょう。また、光の軌跡も追加してみます。光は1年に1光年進むので、1年と1光年を同じ長さで描けば、ちょうど正方形の対角線になるように描かれます。

Aさんの「距離」の軸が、わたしのものに比べて右上45度の方向に伸びていることが分かります。Aさんの時間軸も、距離の軸とシンメトリーを成すように変形していますね。

さて、この2つを重ね合わせたグラフに戻り、グラフの中から、まず時間に着目してみましょう。重ね合わせたグラフの、それぞれのグリッドにしたがって数値を読み取るならば、わたしが1年経ったとき、Aさんはまだ0・95年しか経過していないことになります。ところがAさんの立場に立てば、Aさんの時計で1年経過したとき、わたしの方はまだ0・95年しか経過していないのです。このように、わたしと、一定の速度で離れるAさんとでは、お互いに時間が短くなってしまうのです。

そしてこの時間のずれの大きさは、Aさんの速度によって変化します。Aさんの速度が大きいほど、時間のずれは大きくなります。このミンコフスキー時空図を使えば、「わたしとAさんの時間は互いに短くなる」という、特殊相対性理論から導かれる、常識からかけ離れた不思議な事態が、シンプルな図によって整然と示すことができてしまうのです。

では、長さに関してはどうでしょうか。まず図の中でわたしの持つ棒の長さを測ってみると、先ほどと同様、重ね合わせたそれぞれのグリッドにしたがうならば、わたしの立場では1光年である

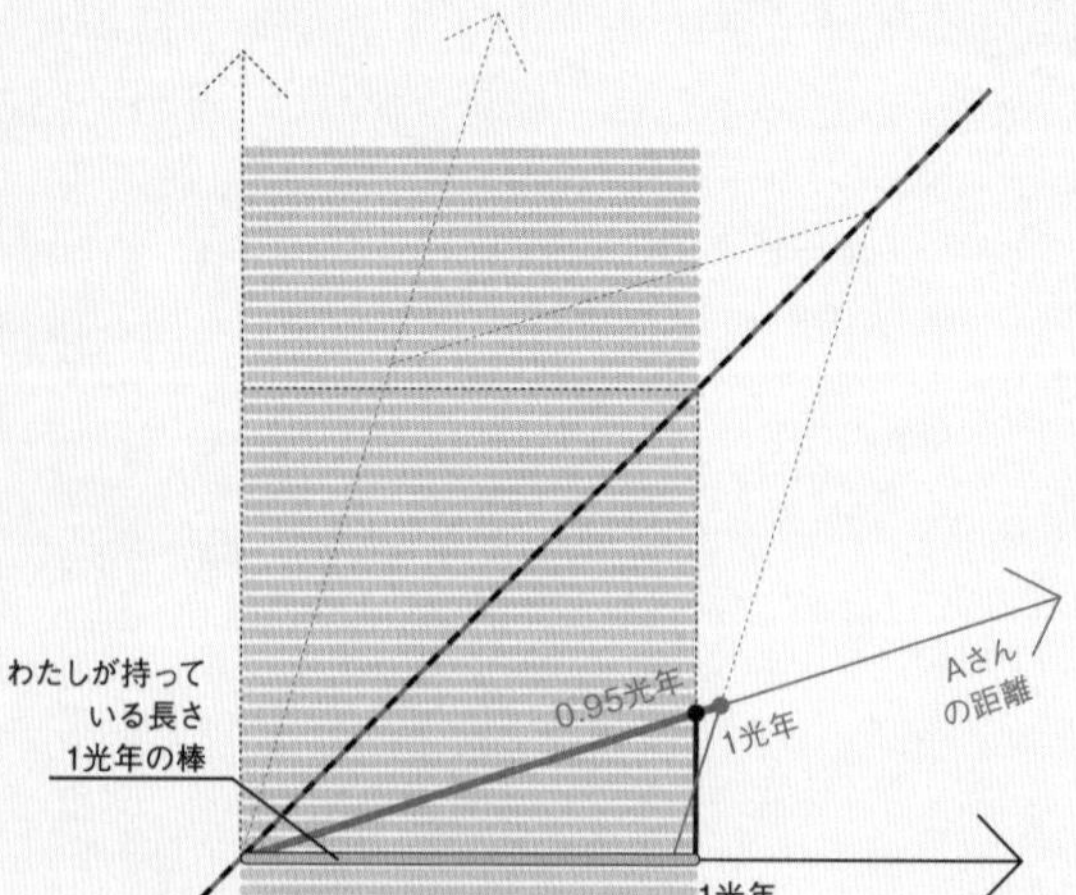

棒の長さが、Aさんの立場では、1光年よりも短く0・95光年となります。

今度は、Aさんの持っている棒をそれぞれの立場で測ってみます。Aさんの立場からこの棒の長さを測ると、長さは1光年。そしてわたしの立場で棒の長さを測ると0・95光年となってしまいます。つまり時間と同様、長さも互いに相手のほうが短くなってしまうというわけです。

次に、わたしの立場とAさんの立場からの、それぞれの光の速さを考えてみましょう。ここでもまた不思議なことが起こります。

光速は秒速約30万kmです。わたしたちの普段考えるような速度の考え方では、わたしから計測して秒速約30万kmで遠ざかる光は、Aさんの立場では、光の速度はAさんの速度である秒速約10万kmだけ引いたもの、つまり秒速約20万kmとなるはずです。例えば光ではなくボールが飛んでいるとしましょう。ボールの速度は時速90km、Aさんはボールと同じ方向に、わたしから時速30kmで離れている場合、Aさんを基点としたボールの速さは

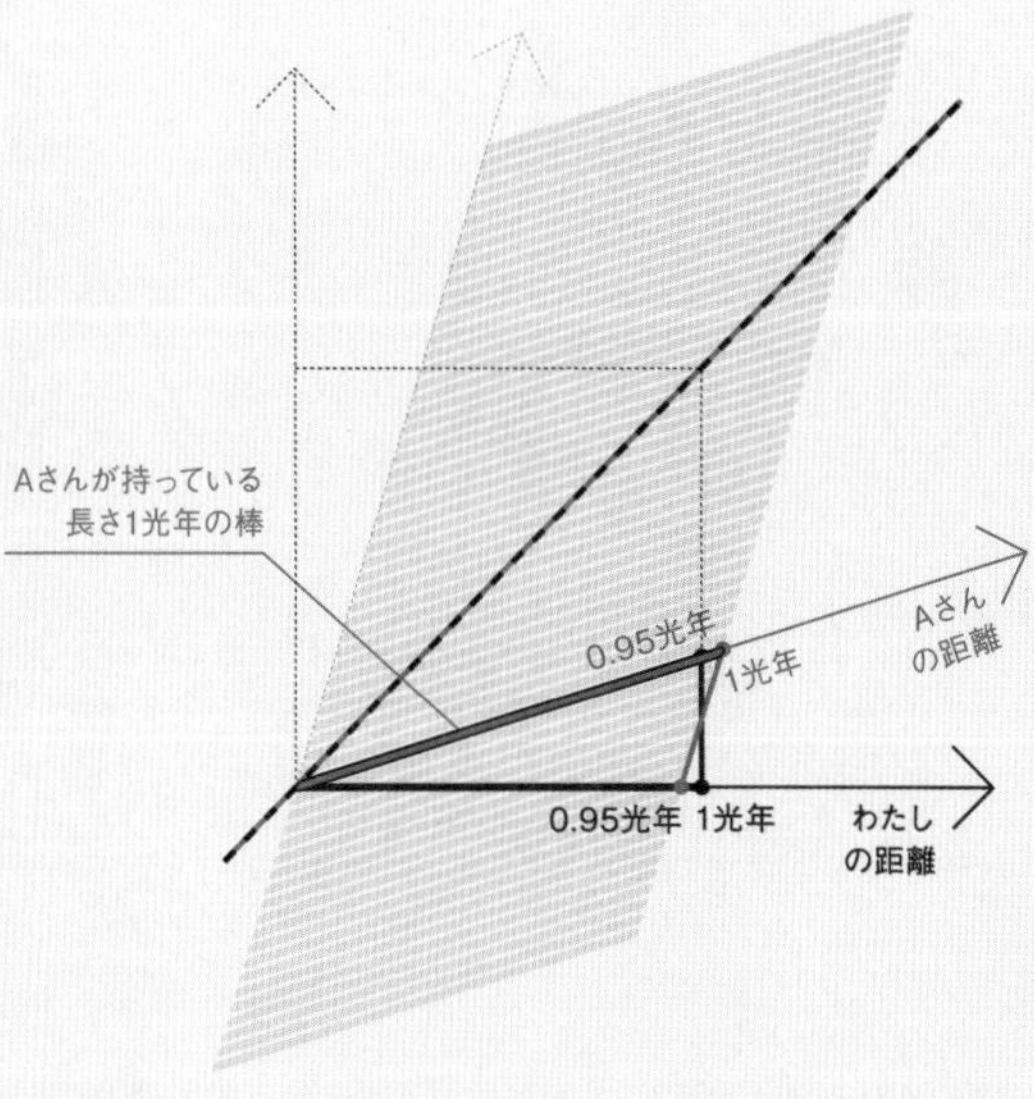

90－30＝時速60㎞になるはずです。

ボールではこういうふうになりますが、不思議なことに、光の場合には、そうはなりません。では、どうなるのか？　答えを先に明かしてしまえば、わたしを基点としても、Aさんを基点としても、光速は同じ秒速約30万㎞なのです。いったいなぜ？

先に述べたように、わたしとAさんはそれぞれ、固有の時間軸と空間軸を持っているので、それに基づいて、光の速度を考えてみることにしましょう。

速度は距離を時間で割って算出することができます。わたしの軸で光の速度を計算すれば、1年で1光年進みますから、速度は「1光年／1年」ですが、Aさんの軸で計算してもやはり1年で1光年進むので、こちらもやはり「1光年／1年」のままなのです。

等速で直線の運動であれば、Aさんがどのような速度であろうとも、Aさんにとって光の速度は同じ秒速約30万㎞になります。これが、「光速度不変の法則」と呼ばれるものです。

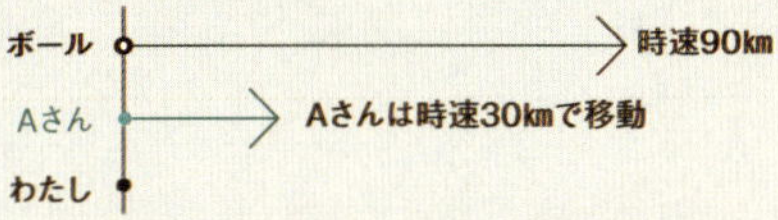

Aさんにとってのボールの速さは時速60㎞になる。

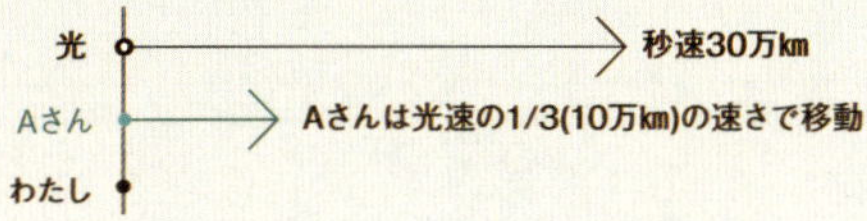

Aさんにとっての光速は2/3(20万㎞)になる？

これらが示す時空の特性は、わたしたちの常識からは大きく外れますが、宇宙はそのような法則が成り立つようなふるまいを見せており、さまざまな観測や実験とも実際に整合しています。時間の相対性、距離の相対性、そして光速度の不変性。これらはすべて、特殊相対性理論が表す時空の性質です。ミンコフスキー時空では、空間と時間が一体的に、特定のルールにのっとったふるまいを見せます。ここでAさんに、先ほどとは逆の方向に動いてもらいましょう。するとグラフは左の図のようになります。これまでとは違う方向に時空の軸が変形しました。

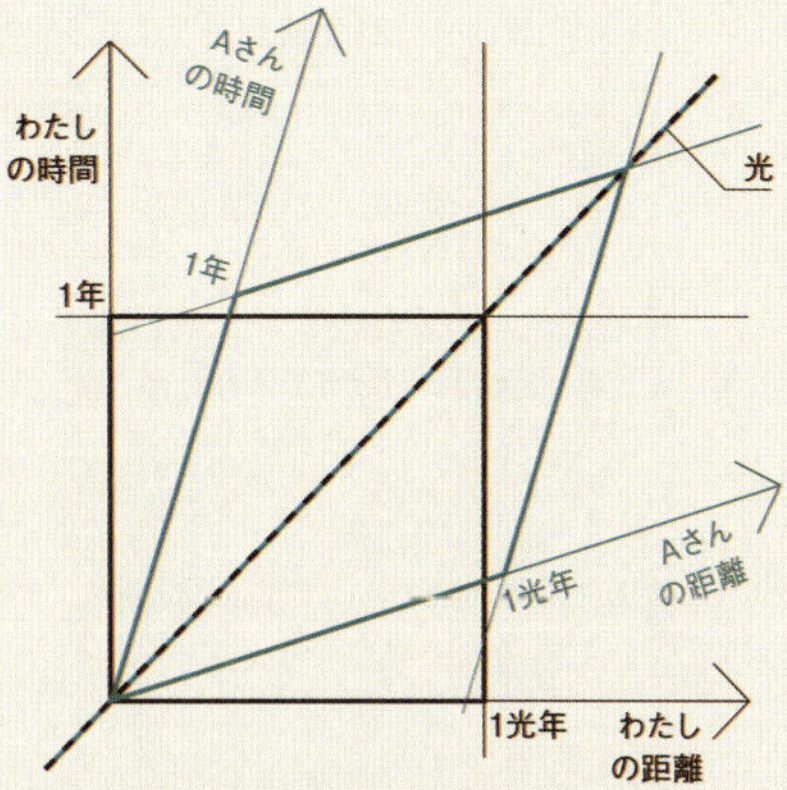

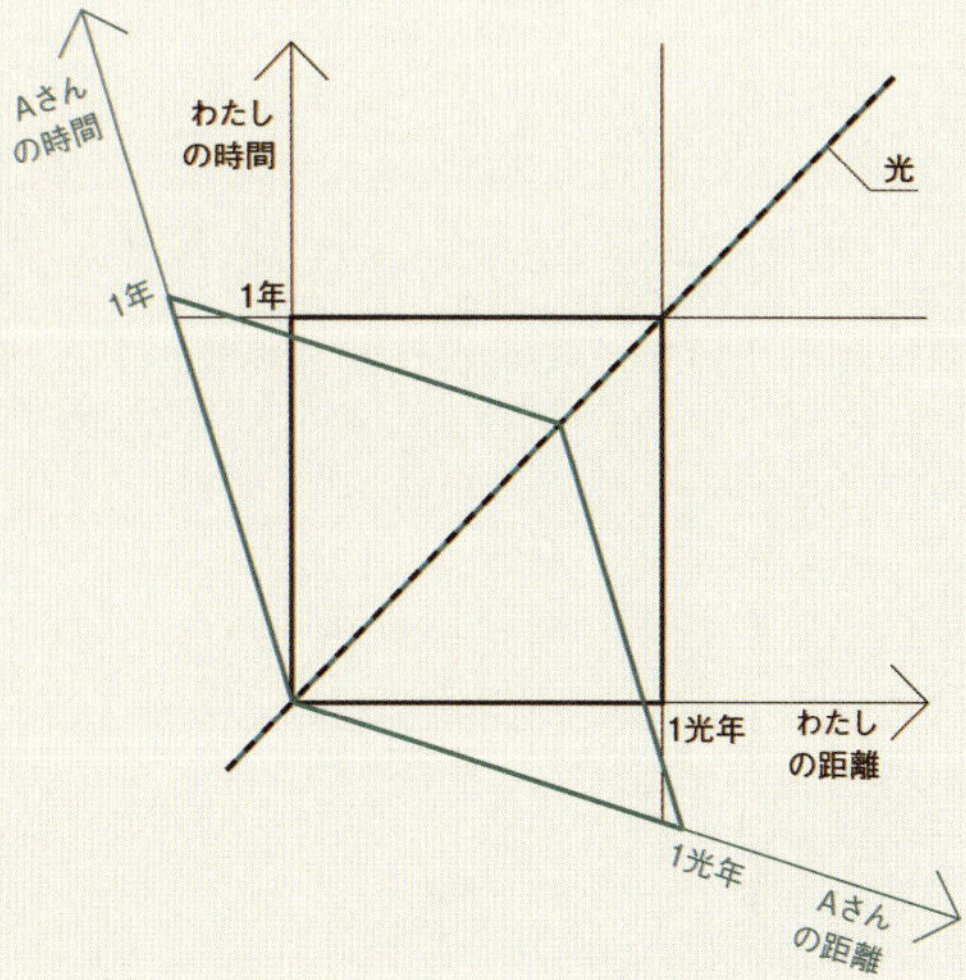

さらにAさんにさまざまな速度で動いてもらい、そのグラフを重ね合わせてみましょう。すると、下のような図が描き出されます。グラフを左に45度回転していることに注意してください。これは、時間軸と空間軸が対称的に見えるようにするためです。空間と時間が、いかに光を中心に一体的にふるまっているかがおわかりになると思います。時間と空間を個別に捉えるのではなく、一体的に捉えるほうがより自然なことがご納得いただけるでしょうか。どんどん速度を上げていくと、それにつれて時空を表す菱型も上方に伸びていきます。しかしいくら速度を上げても、菱型の辺である時間軸と空間軸ばかりが限りなく伸びて、縦軸となっている光の速度を超えることは決してありません。これが、何ものも光速を超えられないという、特殊相対性理論が明かす仕組みの一つにほかならないのです。

しかしこれまでの講義では、何度も光速以上の

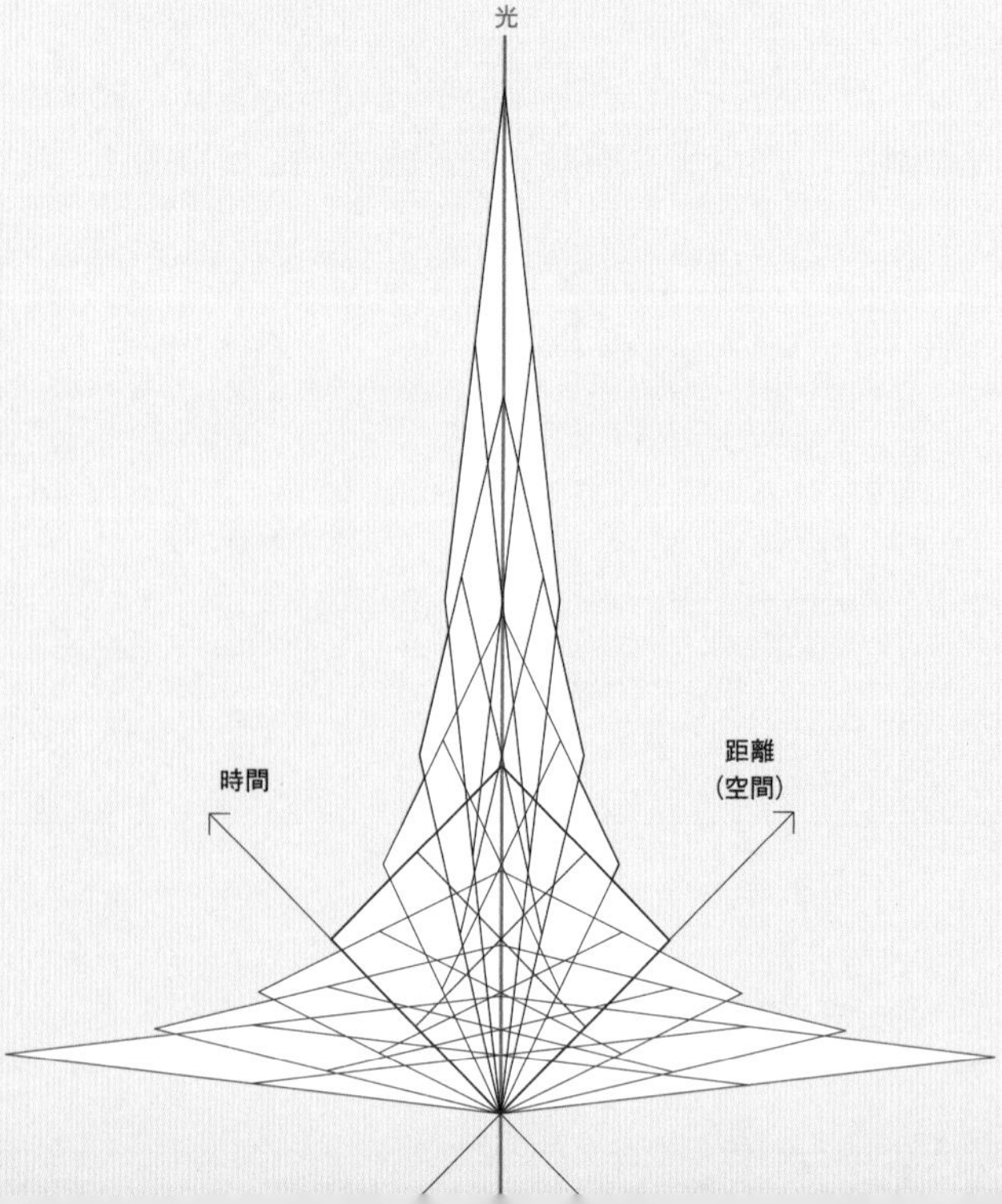

速度の話をしてきました。矛盾ではないか、とお感じの方もいるかもしれません。実はこのミンコフスキー時空的なふるまいは、時空そのものの歪みがないとみなせる、名前通り「特殊」な場合のみに適用されるものなのです。では、特殊相対性理論の成り立たないような時空の歪みとは、いったいどのようなものなのでしょうか。それを明かした理論が、一般相対性理論なのです。

一般相対性理論

一般相対性理論では、重力を「時空の歪み」と捉えます。この歪みは、先に説明した特殊相対性理論におけるミンコフスキー時空図的な菱型の変形とはまったく別のものです。一般相対性理論においては、時空はミンコフスキー時空が重層したものとして解釈することができます。そしてこの重層したものが歪むのです。質量をもつ物体が存在すると、周りの時空は歪みます。そしてこの歪みこそが重力の正体と考えます。時空が歪んでいても、極小の時空（＝極小空間かつ極小時間）だけを考えるならば、それ自体は、先ほどの特殊相対性理論が成り立つような時空として捉えることが出来ます。その小さなミンコフスキー時空の重層がこの宇宙の時空であり、この重層が、曲がっ

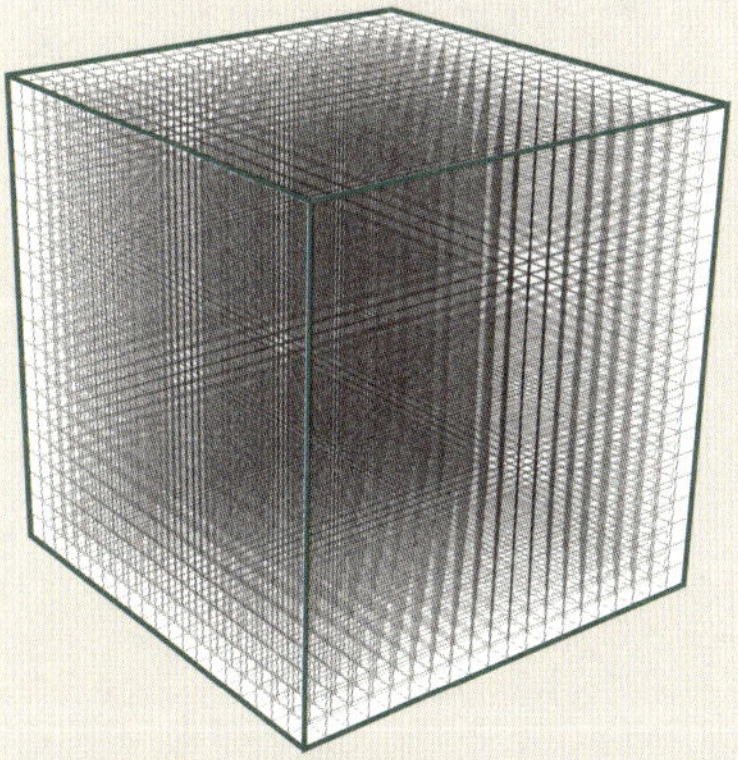

時空が歪んでいない場合、つまり空間が歪んでおらず、かつ時間が経過しても空間が変化しない場合は、全体を一つのミンコフスキー時空、つまり特殊相対性理論が成立する時空としてみなせるが……。

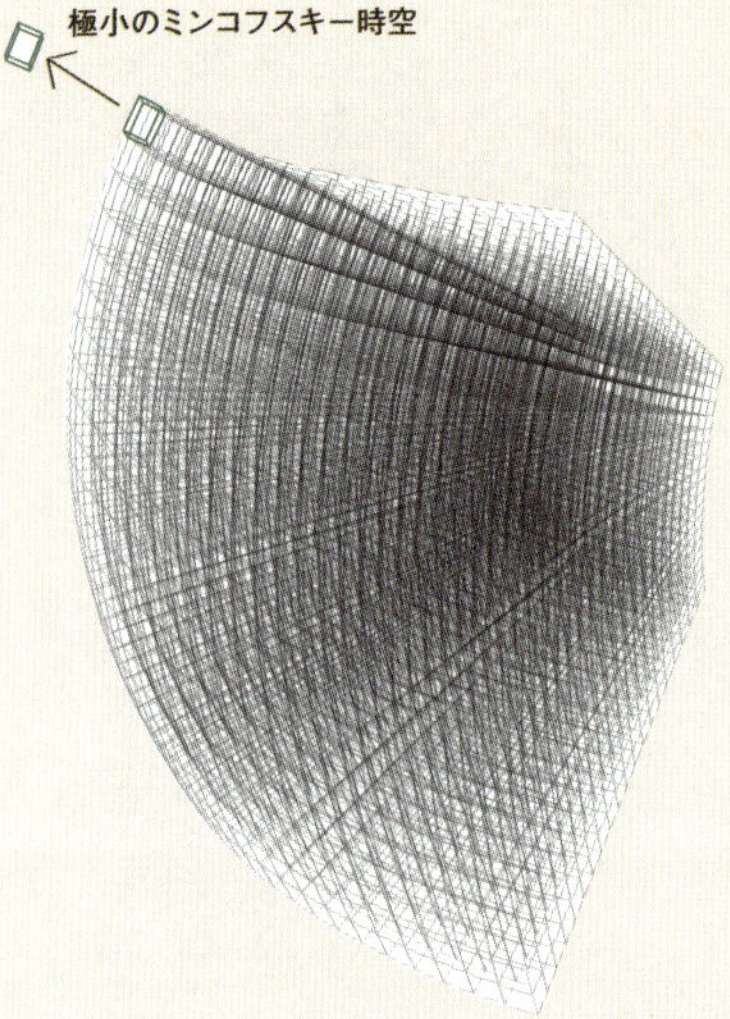

時空が歪んでいる場合は、全体を一つのミンコフスキー時空としてはみなせない。しかし極小の時空(極小の空間と極小の時間)では一つひとつが独立したミンコフスキー時空とみなせる。

逆にいうと、一般相対性理論的な時空とは、特殊相対性理論が成立するミンコフスキー時空が重層したものと解釈できる

たり膨張したりしていると考えられるのです。

講義6「宇宙の形」でお話しした、閉じた宇宙や開いた宇宙は、一般相対性理論で語られる時空の歪みのお話でした。そしてこれまで説明してきた「宇宙空間の膨張」も、まさしく一般相対性理論の枠組みで描かれる時空そのもののふるまいです。特殊相対性理論によると、なにものも光速を超えて移動することはできません。一方、空間の膨張によって天体同士が離れる速度は、光速を超えることがあり得ます。この二つは矛盾しません。なぜなら、宇宙空間の膨張による天体の移動は、(特殊相対性理論におけるミンコフスキー時空内での移動のように、光速以下に制限されたものではなく)一般相対性理論的な時空の歪みによって生じるものであるため、光速を超えることが、ごく当然の現象としてありうるからなのです。

「宇宙図」の中での特殊相対性理論

では、特殊相対性理論的な時空のふるまいは宇宙図ではどのように表現されているのかというと、実はまったく表現されていません。地球を含め、宇宙のさまざまな物質は、宇宙の膨張による移動を無視してもなお、それぞれが固有の動きをもっています。つまり、ミンコフスキー時空でご説明したように、それぞれの物質はそれぞれ固有の時間軸と空間軸を持っています。ですから「観測できる宇宙」を、一つの時間軸と空間軸で描くことは、本来できないはずなのです。しかし、そのような固有の運動は「観測できる宇宙」全体の大きさからみれば微々たるものなので、大局的には、（宇宙の膨張を無視すれば）物質は互いに静止しているとみなすことができると仮定できます。この仮定によって、宇宙図全体に一様に働く宇宙の膨張の様子は、一組の時間軸と空間軸で描くことが可能になるわけです。

「時空」という物理的実体

現在のわたしたちの科学では、「時空」そのものを観測することはできません。わたしたちが計測できるのは、空間の中に置かれた物体の位置や動きにすぎないのです。時間の場合も、時間そのものではなく、なんらかの物理的な変化を計測しているにすぎません。この点においても、前述の空気や水とは、大きな違いがあることがおわかりいただけるでしょう。私たちの身の回りにある物質は、それそのものを観測することが可能です。しかし、それそのものを直接観測できない時空は、本当に物理的な「実体」として存在しているのでしょうか。相対性理論では実体のあるものとして扱われる時空は、そう見えているだけで、本当はまったく違うのかもしれません。

一方、時空を物理的実体としてより深く考察しようとする試みもあります。量子重力理論は、いまだ完成しているものではありませんが、時空を実体として解釈する一般相対性理論と、ミクロの世界の理論である量子力学とを、一体的に扱おうとする試みです。その考察の中には、時空そのものを量子（物理的な最小単位となる存在）として捉えようとするものもあります。実は講義5でお話しした「無境界仮説」や「無からの宇宙創造論」といった宇宙創成のシナリオも、量子重力理論から生まれたものなのです。

人類は科学によって、宇宙の構造を大方解き明かしてしまった、というような見方もできるかもしれません。そして量子重力理論の完成は、物理学が踏みこめる究極の地点に近づくステップとなるでしょう。人類が究極の理論を獲得したとき、科学の役割は終わりを迎えるのでしょうか。その答えはまだわかりません。しかし人類がそこに到達した時、それまでの科学によって解き明かされた仕組みよりもはるかに大きく壮大な仕組みがそこに横たわっている、という可能性を誰が否定できるでしょうか。わたしたち人間が、そして科学が行きつくゴールとは、いったいどこにあるのでしょうか？

lesson.8

わたしたちについて

「人間って、宇宙からできてるの⁉」

「そう。わたしたちはみんな、身体の中に宇宙を持っている」

わたしたち人間はみな、両親から生を受けました。

ヒトという多細胞生物は、単細胞生物から進化してきました。

そして地球で最初の生物は、海中で誕生した、有機物の複合体だったと考えられています。では、それらすべてをさかのぼっていった時、
ヒトを、生命を創りだす材料となったものは？

その答えは、星々の、そして宇宙の歴史をめぐり、やがて宇宙誕生直後の元素生成の現場へと、わたしたちを導きます。

ヒトの材料

どうしてこう、重く辛い鉛のような固まりが胸につかえている日に限って。よりにもよって、パーティだなんて。

ミミはやけに楽しげにブーたれている。「……仮にもこう、クリスマスってのは聖なる日なわけでしょ？　それをさ、日本の伝統行事たる忘年会と一緒くたにして鍋で祝うって、なんかこれ、どうなのよ？」

会話のテンポに遅れないように急いで答える。「いや、わたしに聞かれたって。だいたい、あなたのアイデアじゃないの」

「鍋はコウイチ君のアイデア。それにクリスマス当日は大事な日だろうなーって、こうして日付をずらしてあたしの部屋を提供してんじゃん」

「鍋は洋風だし、チキンも焼いたぞ。結構、らしいんじゃないか？」とコウイチ。

「ほんっと、日本人っていい加減だよね〜。あたしも含めて」とミミは鍋の火加減を調節する。

「でもって西洋はさ、キリスト教の関係なんかもあって〝人間中心主義〟が、日本では想像もつかないくらい根強かったわけじゃん？」わたしは馴れっこだけれど、ミミの文脈は、いつも突然飛躍する。

「いまだにアメリカじゃ、ダーウィンの進化論を信じない人も多いっていうし」

「うそだろ？　ダーウィンすらNGだったら、今ごろキョウコちゃんなんか火炙りだぞ？」

わたしは食べかけたニンジンを喉に詰まらせる。「火炙りって……」

「だってキョウコちゃん、惑星の形成とか、星の周りの元素生成なんか研究してるんだろ？　すると、人間の材料のすべては、宇宙が長い長い時間をかけて錬金術のように生み出してきたさまざまな元素の組みあわせである、ってな科学的真理をさ……」

「なになに、ちょっと待って。なにその面白そうな話」ミミはいつだって好奇心旺盛だ。

「ええっとね、わたしたちの身体を含めて、地球上のあらゆる物質はさまざまな元素の組みあわせでしょ？　で、元素のさらに元となっているのが素粒子なんだけど、その素粒子は、この宇宙の中で光や力を伝える働きも担っている」

「うわー、初耳。なにそれ、すっごい話じゃん」

「あらゆるものを徹底的に分解していくと、ヒトも物質も物理現象も、おんなじ素にたどりつくのよ」

「ほんとに⁉……う〜ん、神様は、材料を節約したわけかあ。やるな、神様」

「宇宙はエレガントだ、とかさ。もっと言い方があるでしょ？」コウイチが、ちらとこちらを見る。彼はわたしが〝神〟という言葉を安易に使うのを好きじゃないのを知っているのだ。

「ま、今のは前フリね。……それで、宇宙で最初にできた元素は、ほとんどが水素やヘリウム、それに若干のリチウム。本当に単純なものしかなかったの。それを材料にして、ガスやチリしかない宇宙に、恒星が生まれた。恒星の内部では活発な反応が起きて、そこで、より複雑な、新しい元素が生み出された。そして星が死んで爆発する時、それらの新しい元素を宇宙にまきちらしたの。いろんな種類の恒星が、タイプに応じていろんな元素を生み出しては、宇宙に散っていった。こうして、今の人間をかたちづくるさまざまな材料が、宇宙規模で、ゆっくりと準備されていったわけ。137億年の時間をかけて」

わたしの説明を、コウイチが引き取る。「……そんな材料が集まったこの星で、元素が組みあわさって、複雑な有機物になっていって生まれたのが、生命であり、人である。これ、いつかキョウコちゃんが話してくれるって言ってた、生命の誕生の物語か」

「うっはー。すごいなあ、それ」ミミは感心しきりだ。「ってことはさ、人間は、宇宙137億年の歴史を身体の中に持ってるんだ」

「そうね。わたしたち一人ひとりの中に、宇宙がある。それは科学ですべて説明できる話。

神様の意志みたいなものを、持ち出す必要はないのよ」

「キョウコさ、あんたやっぱ火炙りだ。異端審問行き確定だよ。で、糾弾されても馬っ鹿正直に『わたしの唯一の神、それは科学です』とか言っちゃうの。そんでこのチキンみたいに火炙りにされちゃう」指についた油を光らせて、骨付きチキンを頬張りながらミミが言う。

彼女の描写するわたしは、わたし以上にわたしらしくて、コウイチと二人で思わず笑ってしまう。それにしても、彼女のすがすがしいまでの食欲は、いつもわたしの健康のお手本だ。

……こうしてみんなで騒いでいる間なら、心も軽いのに。もし、こんな時間が永遠に続いてくれるのなら。

「そろそろ行かないと」コウイチが腰を浮かす。今なの？　もう？

「え〜、もう行くの？　バイトだっけか？」とミミが不服そうな声をあげる。

「ああ、年末は居酒屋は掻き入れ時でね。今日だって、何時に解放されるかわかったもんじゃないよ。トイレ掃除だって大変なんだぜ。なんたって忘年会シーズンには……」

「コウイチ。食事中よ」

「あ、わりい」

「あんたたち、なんかもう夫婦だよね。『あなた〜、早く帰ってね♥』」

「やめろよチアキちゃん」とコウイチが笑う。

バッグをかついで、キッチンカウンターに肘をついているわたしのところで立ち止まると、

「じゃ、クリスマスに」と小声でささやいて……そして行ってしまう。

オリオンの三つ星

「さ〜て、それじゃ今夜は、女二人で飲み明かすか!!」

「ミミさ、今年のクリスマス、ほんとに一人なの？　らしくないよ。っていうか、だれかすんごい隠し球がある、とか？」

「ないない。しょうがないじゃん、あたしの統計によれば、極めて残念なことに、世の年若き男性の男っぷりは年々低下してきてます」

「男っぷりって数値化できるの？……あ、はい、乾杯」

カチン、とグラスをあわせてから、わたしはサングリアをぐっとあおいで、なんとか決心を固める。第三者にとはいえ、この考えを現実に口にしてしまうのは、ひどくためらわれることだった。

「ミミ……あのね」

「どしたの？　深刻な顔して」

「わたしね、コウイチと……コウイチと、別れることにしたの」

「えっ……？」

一瞬にして、周囲の空気がひんやりと沈殿していく。

「別れるって……どうして？　うまく行ってんじゃん？　現に今だって」

「そうじゃない。そうじゃないのよ。彼はまだ知らない」みるみる、ひどく気分が落ち込んで行くのがわかる。話す前から、どうしようもない疲労感に襲われる。これはミミだけでなく、コウイチにも伝えなければならないことなのだ。

「四方八方、手を尽くして研究職を探してる話はしてたでしょ？　でも、ポスドクを受け入れてくれるところなんてたかが知れてる。あらゆるツテを使ったけど、保険で応募してた最後の最後の選択肢にだけ、ようやくひっかかったの」

「本当？　いい話じゃない。それがなんで」

「……チリのね、人里離れた高山に建設される予定の大規模な天文台があって。そこの専任研究員に、って話なの。東京から、飛行機に鉄道、バスやらクルマやらを乗りついで40時間近くもかかる、砂や雪まみれの辺鄙なところよ。皮肉なものよね。大学でそこの望遠鏡の部品を調整する仕事をしてたんだけどさ、まさか自分が一緒に行くことになるなんて」

「任期は？」

「任期自体は5年。でも仕事次第では、その後も帰ってこられるかどうか……」

ミミはようやく事態を飲み込んで、しばらく絶句した。

「本当に、ほかの道はないの？　ほかの方法は？」

「そりゃあ、わたしだって全力で探したよ。でも、これだけが命綱。今、このタイミングでこのオファーを受けなければ、わたしは研究者生命を、始める前に絶たれてしまう。狭き門なの、この世界って。けれどもわたしは『女性の研究者』として、この世界で実績を積み重ねたい。欲をいえば、わたしの存在で今後の女性研究者がもっと仕事をしやすくなるなら……」

「キョウコの理想はわかってるよ。今はコウイチ君とあなたの話じゃないの。ね、僻地ったってさ、まさかそこに籠りっきりってわけじゃないんでしょ？　帰省だってするでしょうに。コウイチ君だって、そっちへ行けばいい」

「ミミ、聞いてた？　チリの山奥だよ？　お互いになるべく会おうと思ったら、いくらお金と時間があっても足りないよ。それに、彼はまだハタチなの。わかるでしょ？ そんな風に、男のコを都合良くつなぎとめておける？ まして、わたしは帰ってきたらいくつになってい る？ 34？ それとも39歳？ その時、彼はいくつ？……考えたの。十分に考えたのよ」

口をついて出る自分の言葉が、残酷な現実をいちいち自分に突きつける。できれば、ミミにもっと反対して欲しい。こんな方法がある、あなたたちは大丈夫だって、言って欲しい。

けれどもミミの反応は違っていた。

「そんなの……そんなのって無責任だよ」わたしは驚いてミミを見あげる。「そんなのって……」と、怒りで言葉を詰まらせながら、彼女は立ちあがり、わたしを睨みつけている。

「あんたね、コウイチ君の気持ち、考えた⁉」

「ミミ……？」

「さっきから、自分の都合と泣き言ばっかり。慰めて欲しいの？ お断り。それならコウイチ君に頼めばいい。あなたは……あなたは甘えてるのよ。知らないのよ」

「知らない？」

「彼があなたのことをどんなに好きか。どんなに真剣で本気かってこと！」

こちらが驚くほど大きな声だった。ミミは口をつぐんだけれど、一瞬、狼狽の表情が横切ったように見えた。それを見過ごすほどわたしたちの付きあいは短くなかったし、それを見過ごさなかったことをミミに隠せるほど、わたしも器用じゃなかった。

必死に心を落ち着かせようとする。未整理の思考がぐるぐると渦巻き、頭は軽い恐慌状態だ。なによりショックだったのは、彼女の言葉が、ズバリと本質を突いたこと。わたしは唯一の研究職の可能性について悩み抜いていた。それは二人の問題だと思っていた。けれども結局、考えていたのは自分自身の身の処し方。所詮コウイチは学生、この問題は彼にはわからない、そう思っていた。それが証拠に、結論を出すまで、彼に相談しようともしなかった。

さらにわたしをうろたえさせたのは、ミミらしからぬ、語気荒い物言いだった。コウイチを擁護する彼女の今の言葉、いささか熱っぽ過ぎなかっただろうか？

「ゴメン、言い過ぎた。あなたは、あなたとコウイチ君のことを考えて。あたしの言ったこと、気にする必要ないから」力なく、ミミが座り込む。

彼女の本音がわからない。ともだちとしての思いやりなのか、それとも、本心が思わず口調ににじんでしまったのか。そうだとしたらわたし、鈍感すぎる。リミットは来月だった。

コウイチに、なんて言えばいい？　彼はどれだけ傷つくことだろう。本当にわたし、彼と離れられるんだろうか？　わたしの心は耐えられるのか。その上、今のミミの言葉。あの彼女が、わたしのコウイチを？……わたしの、だって？　たった今、彼と別れる相談をミミにしていたのは誰よ？　思考の糸が、どんどんもつれていく。とにかく、今すぐ一人になりたい。

「……いろいろとごめん。今日は、おいとました方が良さそうね。片づけないでごめん」

「やれやれ。残される方の気も知らないでさ。見てよ、コレ」と、ミミが惨憺たるありさまのダイニングとキッチンを見渡す。「祭りの後って、まさにこのこと」

「また連絡する」

「今日みたいなのは、かんべんね」

わたしは急いでコートを手に取り、バッグを抱えると、玄関でブーツに足を突っ込む。編みあげの方にしてこなくてよかった。

「じゃ」

「また」

小声で挨拶を交わし、いつものハグなしで、わたしたちは別れる。冷たく澄んだ冬の空気の中を歩き出すと、めまいの消えない視界の先に、オリオンの三つ星の輝きが揺れ動く。一直線に、みごとな等間隔で。

星々の生と死

コウイチは深夜まで帰ってこない。冷たく暗い自分の部屋に帰るのが嫌だった。同じ冷たいなら、ここの方がましだ。わたしは誰もいないバス停の、あちこちペンキの剥げた木製のベンチに腰掛けて夜空をあおぐ。視界には、東京の狭い星空が映っている。街の灯が、細かな星々の輝きを拒んでいた。

そんなのって、無責任だよ！

あんたね、コウイチ君の気持ち、考えた⁉

ミミ、あんたってずるいよ。卑怯だ。いつだって賢くて、スマートで、わたしより正しい。そうやって、正論で人を追いつめる。こんなことになって一番辛いのは、いったい誰だと思ってるの？　あなたがわたしのことを、視野が狭くて不器用だって思っていること、気づいていないとでも思ってる？

わたしはあなたのようなタイプとは違うんだ。世界に当たり前に馴染んで、その年齢なりの幸せや不幸を謳歌して、なんにでもすばやく順応していくあなたたちみたいな人の背中を見ながら、水中にいるような苦しさの中で、一歩踏み出すにも苦労しながら、微かに見える道筋にすがって、ようやくここまできたんだ。……悩んだ末の結論なのよ。一体どうしろっていうの？

崩れ落ちそうになって、自分のものでないような身体をようやくベンチに横たえる。片足を地面に投げ出して。地面に垂れたマフラーを拾う気力も起こらない。

しばらくの間、呼吸を落ち着けながら夜空に目を凝らす。そこには星々の一生が散りばめられているはずだった。その様子は、人が生涯をかけて命の灯を燃やしていくのにも似ている。生まれたばかりの原始星。成熟した輝きを見せる主系列星。年老いた赤色巨星や、宇宙に溶けゆく惑星状星雲。星々はその内部で核融合反応を行い、あるものは水素からヘリウムを作り、あるものはヘリウムから炭素や酸素を作り、さらにあるものは、そこからケイ素や鉄を作る。それらの元素は、星々の生死の中で、ゆっくりと大きな循環を繰り返す。わたしたち生命は、その元素の循環の、ほんの小さな鎖。星たちの一生は、数千万年だったり100億年以上だったりさまざまだけれど、そんなスケールから見れば、わたしたちの一生……まして一時の感情なんて、ほんの瞬きにも相当しないちっぽけなことには違いない。

……でも、ミミ。たった3か月前には、コウイチをフッたんだって得意げだったじゃない。そのあなたが、今はムキになるの？ それともこれは、滅入ってるわたしの被害妄想？……そう信じたかった。けれども。わたしの中で、疑念や嫉妬といった、久しく忘れていた感情が頭をもたげる。やっぱり彼女、本気だった。長い付きあいだ、気づいてみればあまりにも明らかなことだった。なぜだか、いつからかはわからないけど、ミミはコウイチを意識しているんだ、異性として。今日のようなことでもなければ、多分、隠し通してくれるつもりでいたんだろう。わたしが知らなければ良かったんだ。せめて、チリに行ってしまうまで。

コウイチは今ごろ、忘年会の喧噪の中で我を忘れてバイトしている。ミミの気持ち――それがどんなものであれ――彼女の気持ちになんて、これっぽっちも気づいていないだろう。
……どれだけわたしがあなたを必要としているか、あなたは知らない。あなたがそこにいるだけで、わたしの世界がどれだけ見違えるように優しくて穏やかなものになるのか、あなたは知らない。おバカさんで、けれど頭の回転が早くて、世界に対して驚くほどまっすぐで、料理が上手くて、キスが下手なコウイチ。

いくら目を凝らしても、冬の星座は姿を現さない。ようやく像を結びかけた大犬や双子は、凝視しようとすると勝手にぼやけていく。

コウイチのいなくなってしまう人生と引き換えに、ようやく立つことのできる場所……チリの透明な夜空には、どれほどまばゆい無数の星々が輝くんだろう。冷たくて無機質な世界は、世渡り下手な女が、ささやかな幸せを二つ手にすることも、許してくれないんだろうか。

来月にはもう、すべてを決めてしまわないと。その来月が……それどころか明日のことさえ、まったくわからなくなってしまった。一人ベンチで寒さに震えていると、コウイチもミミも、わたしとの接点を失って既にどこかに消えてしまったような恐怖にとらわれる。それはさほどリアリティのない妄想じゃなかった。

……そんなのってないよ。あんまりにも不公平じゃない。投げ出していた脚を抱きかかえて丸くなる。胸の中から、熱い固まりが込みあげてくる。喉の奥から絞り出されるようなむせび泣きを押し殺そうとするけれど、それはすぐに嗚咽に変わってしまい、ガタガタ揺れる耳ざわりなベンチの軋み声は、いつまでも止まらない。

わたしたちは、宇宙から生まれました。宇宙から生まれ、そして宇宙の一部でもあるわたしたちが、宇宙を知ろうとするのは、自分で自分を見つめるような、なにか不思議な気もします。わたしたちのなにげない日常は、いかなる歴史に支えられて今ここにあるのか。この講義ではわたしたち人類が、どのような宇宙史的なプロセスを経て生まれたのかをご説明しましょう。

人間の素「クォーク」

人間がどのようにして宇宙に誕生することになったかを考えるには、まず人間がなにからできているかを考えなければなりません。わたしたちの身体を細かく見ていくと、さまざまな「元素」でできていることがわかります。もちろん身体だけでなく、わたしたちが触れることのできるあらゆるものは元素でできています。この元素のさらに元となるものが、講義6でも触れた「素粒子」と呼ばれるものです。素粒子はそれ以上分解できない最小の単位です。実は素粒子は元素のもとであるだけでなく、光や力を媒介する粒でもありま

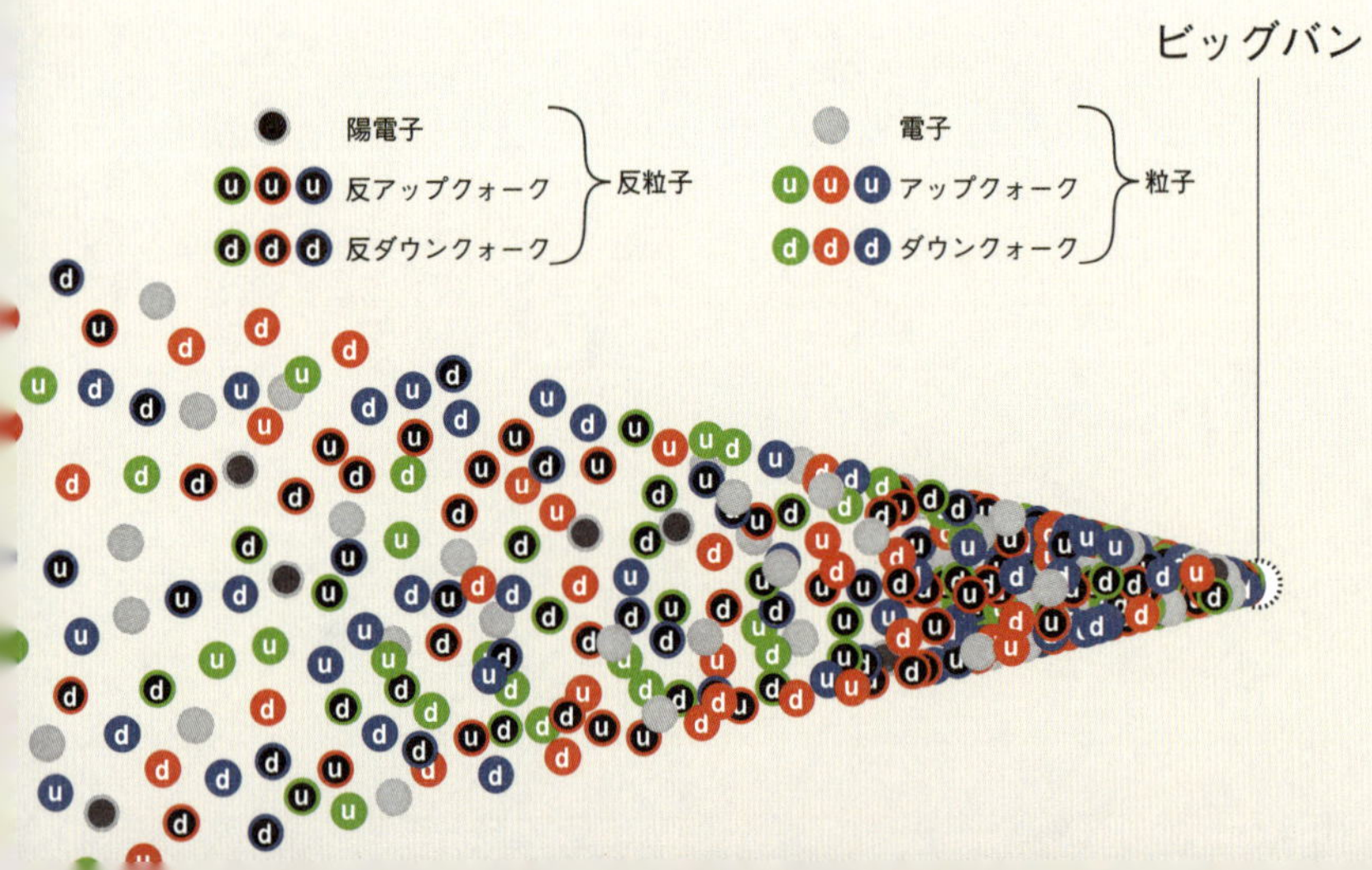

す。この素粒子は、講義6でお話しした「超ひも理論」のひものうち、わたしたちの世界に姿を現している部分であると考えられています。そして素粒子のうち「クォーク」と「電子」が、元素の元となっているのです。

宇宙の最初の3分間

宇宙が生まれた直後に、クォークや電子を含む素粒子が生まれました。このとき、「粒子」と「反粒子」が対になって生まれると考えられています。粒子のうちクォークが結合し、「陽子」と「中性子」が生まれますが、一方、反粒子からは「反陽子」と「反中性子」が生まれます。陽子と反陽子、中性子と反中性子は、それぞれ衝突し、光を放って消滅します。そののち、粒子の一つである電子と、反粒子である「陽電子」も衝突して、光を放ちながら消滅します。「CP対称性の破れ」と呼ばれる現象により、反粒子のほうが粒子よりも10億分の1だけ少なかったために、粒子がわずかに残る結果となり、それがこの宇宙の材料になったのだと考えられています。

このようにして残った陽子と中性子は、もっともシンプルで軽い元素である水素やヘリウムの核となる部分（原子核）となります。

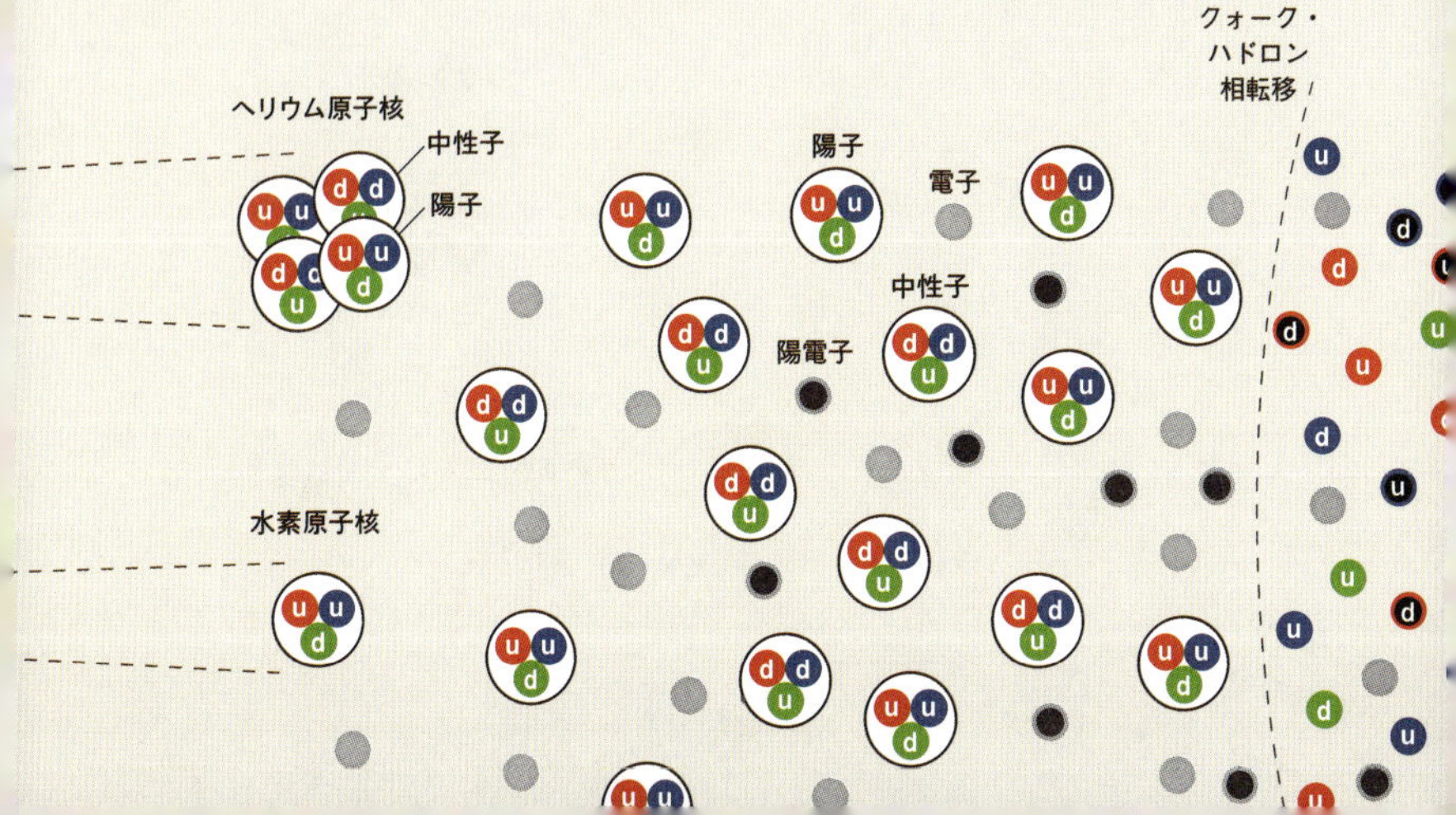

ここまでのことは宇宙が生まれてから、わずか3分で起こったと考えられています。

元素の誕生

その後、最初の3分で生まれた原子核が、素粒子の一種である電子をとりこんで水素原子やヘリウム原子になります。これは宇宙が生まれてから38万年ほど後のことです。実は原子核に捕まる前の電子は、宇宙の中を光が直進するのを阻んでいました。電子が原子核に捕まることによって、光は宇宙を直進できるようになります。これが講義5でも紹介した「宇宙の晴れ上がり」です。そしてこの時期に、しずく形の一番下の円が作られるのです。これより以前の宇宙では、光が直進することができないため、霧でかすんだような状態で観測ができません。しずく形は現在、地球から（電磁波を含めた）光を通じて観測できる時空を表しているため、光が宇宙空間を直進できない「宇宙の晴れ上がり」以前の状態は、しずく形には表れないのです。

星の誕生と死

宇宙の晴れ上がり

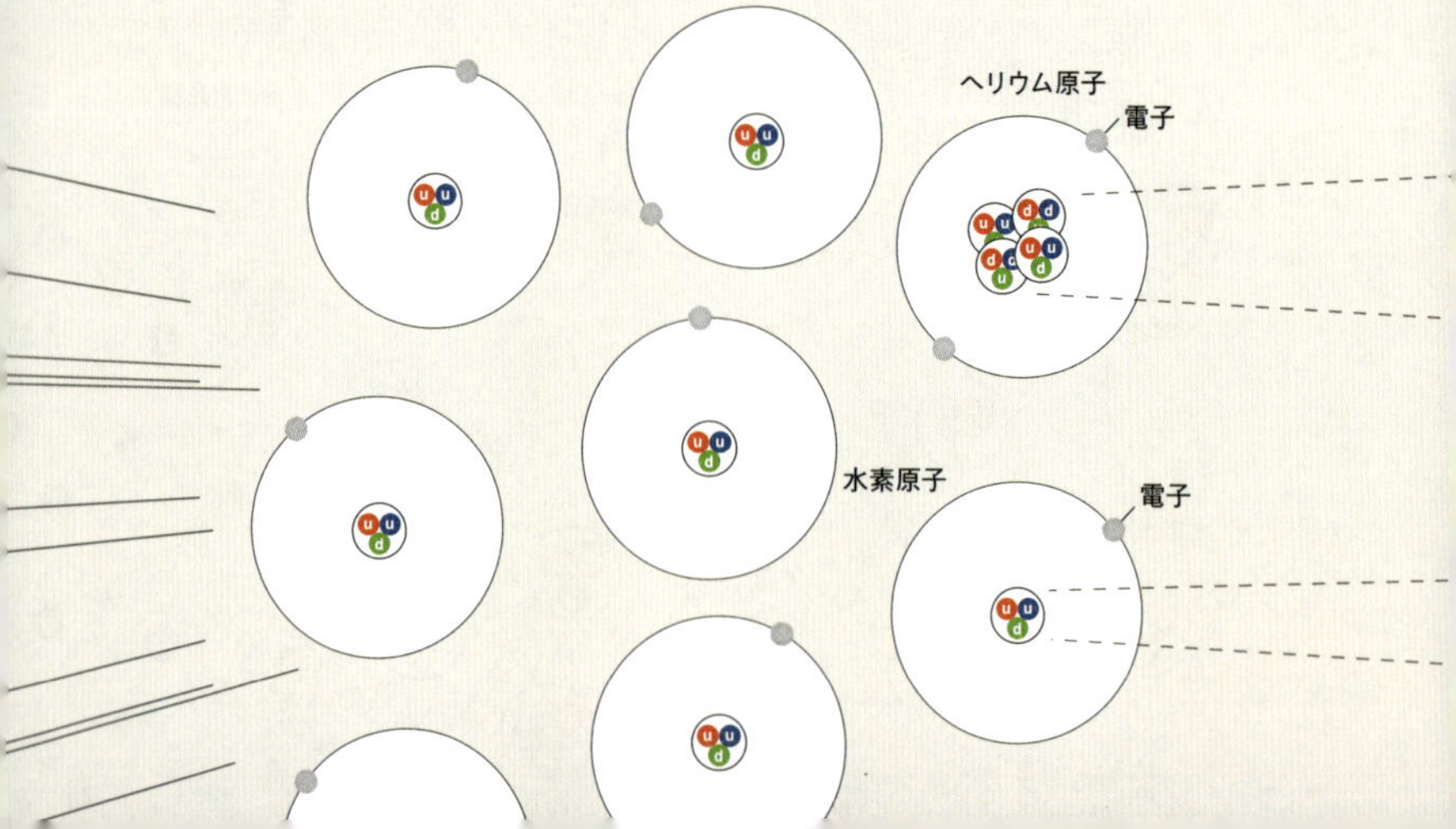

宇宙の初期に出来あがった水素やヘリウム、そしてわずかですが一世代前の星が生み出した様々な元素が集まって、「分子雲」と呼ばれる場所ができます。分子雲の中にできた「分子雲コア」から、恒星（自ら輝く星）の赤ちゃんである「原始星」が誕生します。原始星はだんだんと明るさを増し、やがて安定した「主系列星」となります。主系列星の中では核融合が行われ、水素原子からヘリウム原子が生成されていきます。水素やヘリウム以外の元素が生成されるのは、恒星の晩年の時期です。このころ恒星は大きく赤くなり、「赤色巨星」と呼ばれる姿となります。内部ではヘリウムから炭素や酸素が生み出されていきます。宇宙の最初期の星たちは、太陽に比べればとても重く、しかし寿命ははるかに短く、数百万年ほどでした（ちなみに、わたしたちの太陽の寿命は100億年ほどと考えられています）。そのような重い恒星の内部では、さらに核融合が進み、ケイ素や鉄などの元素が生み出されます。そして一生を終えるとき、「超新星爆発」を起こして、その内部で作られたさまざまな元素を宇宙にまきちらします。こうして宇宙には、水素とヘリウム以外のさまざまな元素が増えていくことになるのです。そしてそれらは、次の世代の星々が生まれる材料となっていきます。

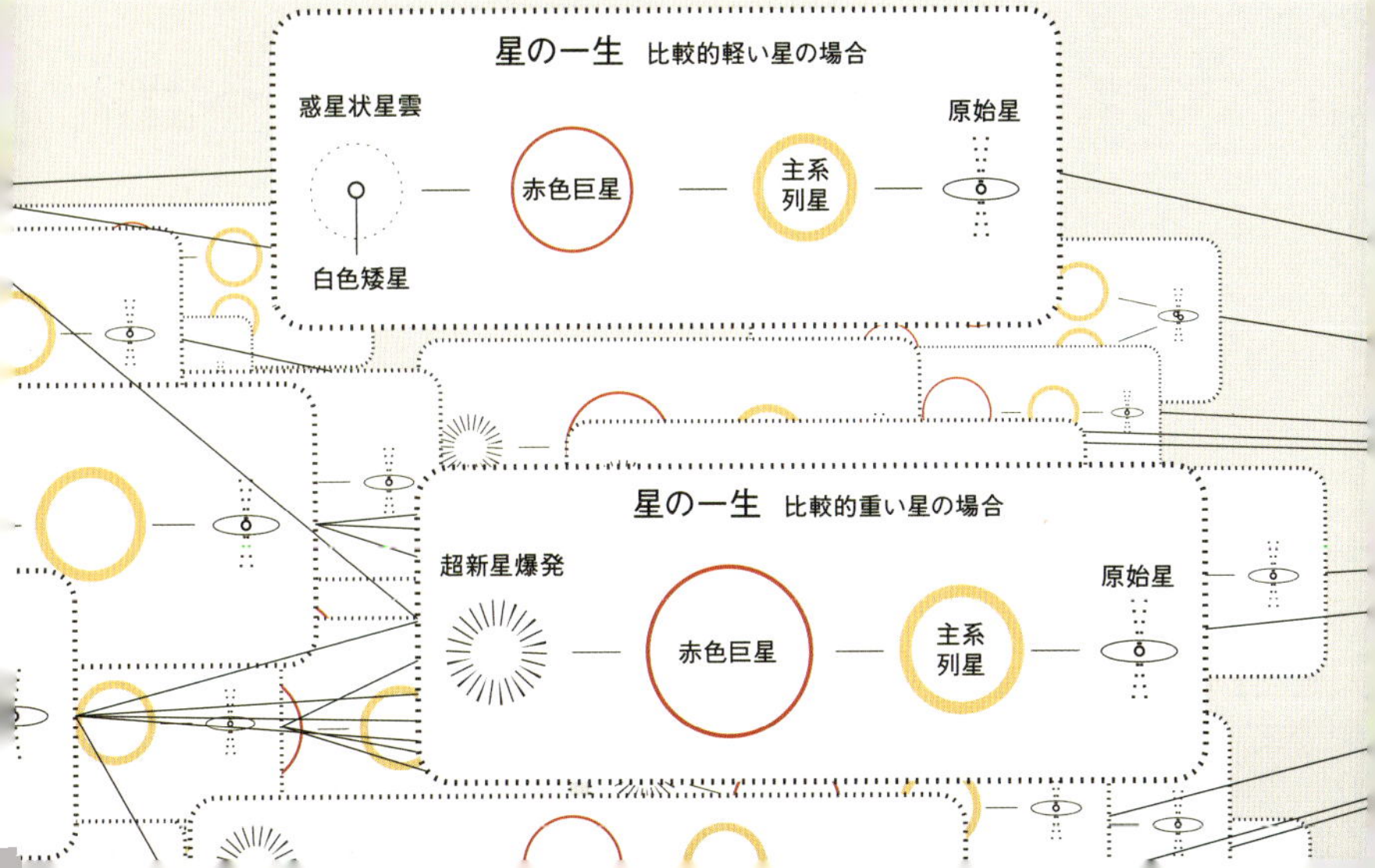

恒星の内部だけでなく、超新星爆発も新たな元素の誕生の舞台となります。例えば、地球では貴重なものとされている金や銀は、この超新星爆発によって生まれたものなのです。

また、わたしたちの太陽ほどの比較的軽い恒星は超新星爆発を起こしませんが、内部で生み出した物質を放出して、徐々に宇宙空間に広がっていきます。これを「惑星状星雲」と呼びます。その芯の部分は「白色矮星」と呼ばれるものになりますが、白色矮星と化した恒星が連星（2個の恒星が両者の重心の周りをまわっているもの）の一方であった場合、もう一方の星からガスが白色矮星に適度に降り積もると、超新星爆発を起こします。この時、鉄などの元素が作り出されます。

地球の誕生

このような星々の、いくどもの生死によって生み出された元素を元に生まれたのが、わたしたちのいるこの太陽系です。太陽系の誕生は、今から約46億年前。そして太陽系の誕生とともに地球は生まれました。人間は、そのすべてが、地球にある元素によって構成されています。つまりわたしたちのルーツをたどれば、人間の誕生と

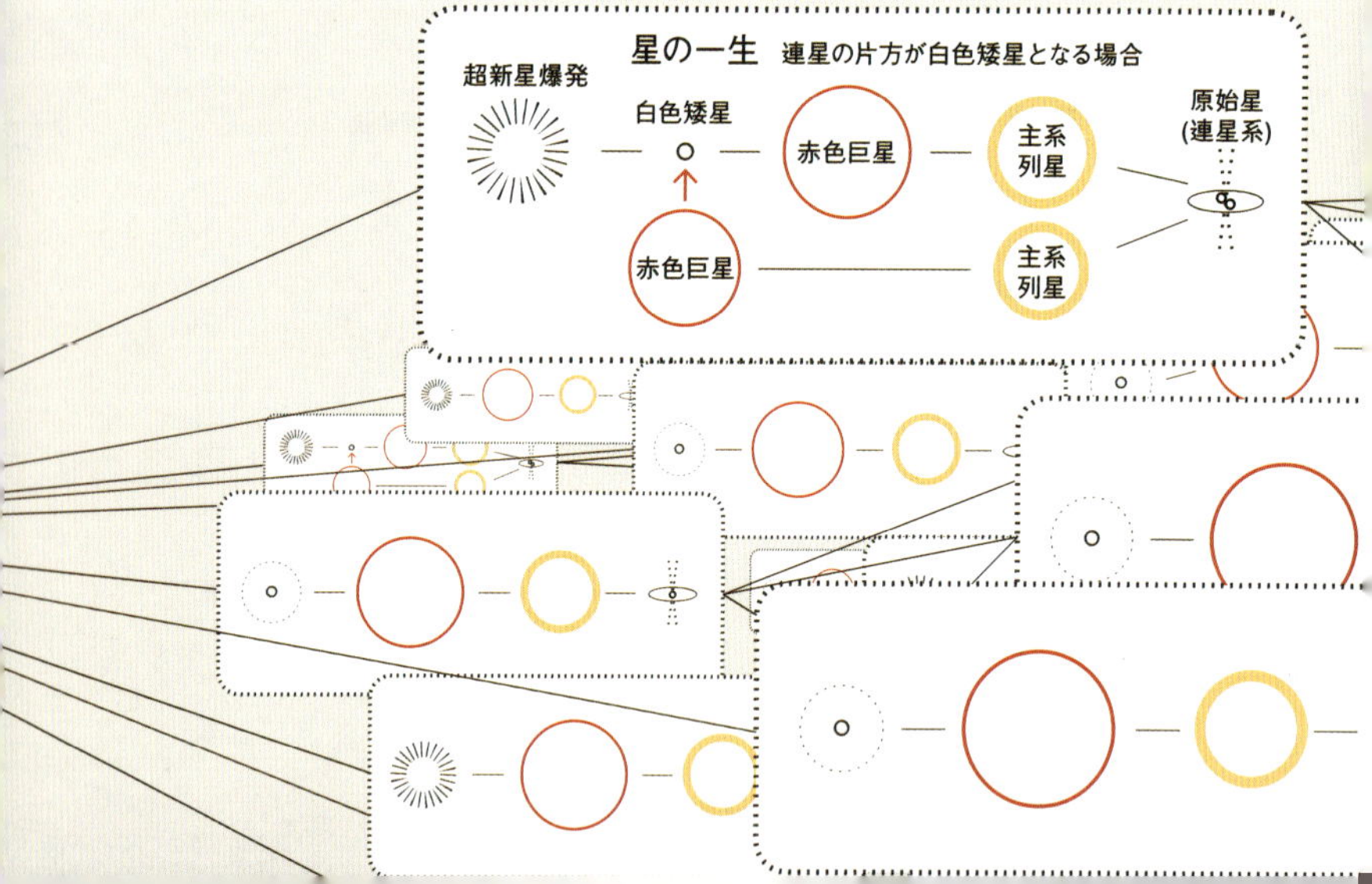

死の繰り返しを超えて、進化をさかのぼり、そして星々の誕生と死の繰り返しへとつながるのです。人間の歴史は宇宙の歴史そのものにつながるわけですから、宇宙は人間の母でもある、といえるでしょう。

人間は、宇宙のごく一部にすぎません。宇宙の片隅でしかない地球の表面に張り付いて、もぞもぞ動く微小で無知で短命な生き物。瞬間にすぎない一生の中で、小さな生き物は考え、悩みます。ちっぽけなわりに悩み多き人類は、その極めて短い歴史の中でさまざまなものを生み出しました。その一つが科学です。その科学によって宇宙全体を知ろうとする行為が天文学であり、宇宙論なのです。今ここにいるわたしたちが、想像することさえ難しい遠方や気の遠くなるような過去に触れようとするのは、わたしたち自身を悩ませる「知りたい」という、やむにやまれぬ思いから生まれる行動です。

なぜわたしたちは、今ここにいるのでしょうか。そしてなぜ、自分以外のさまざまなものとさまざまな関係を築き、そして壊しながら、時は流れていくのでしょうか。その疑問をさかのぼれば、最後には、宇宙がなぜ存在するのかという問いに行きつきます。科学は、はたしてその答えに近づくためのすべとなりうるのでしょうか。

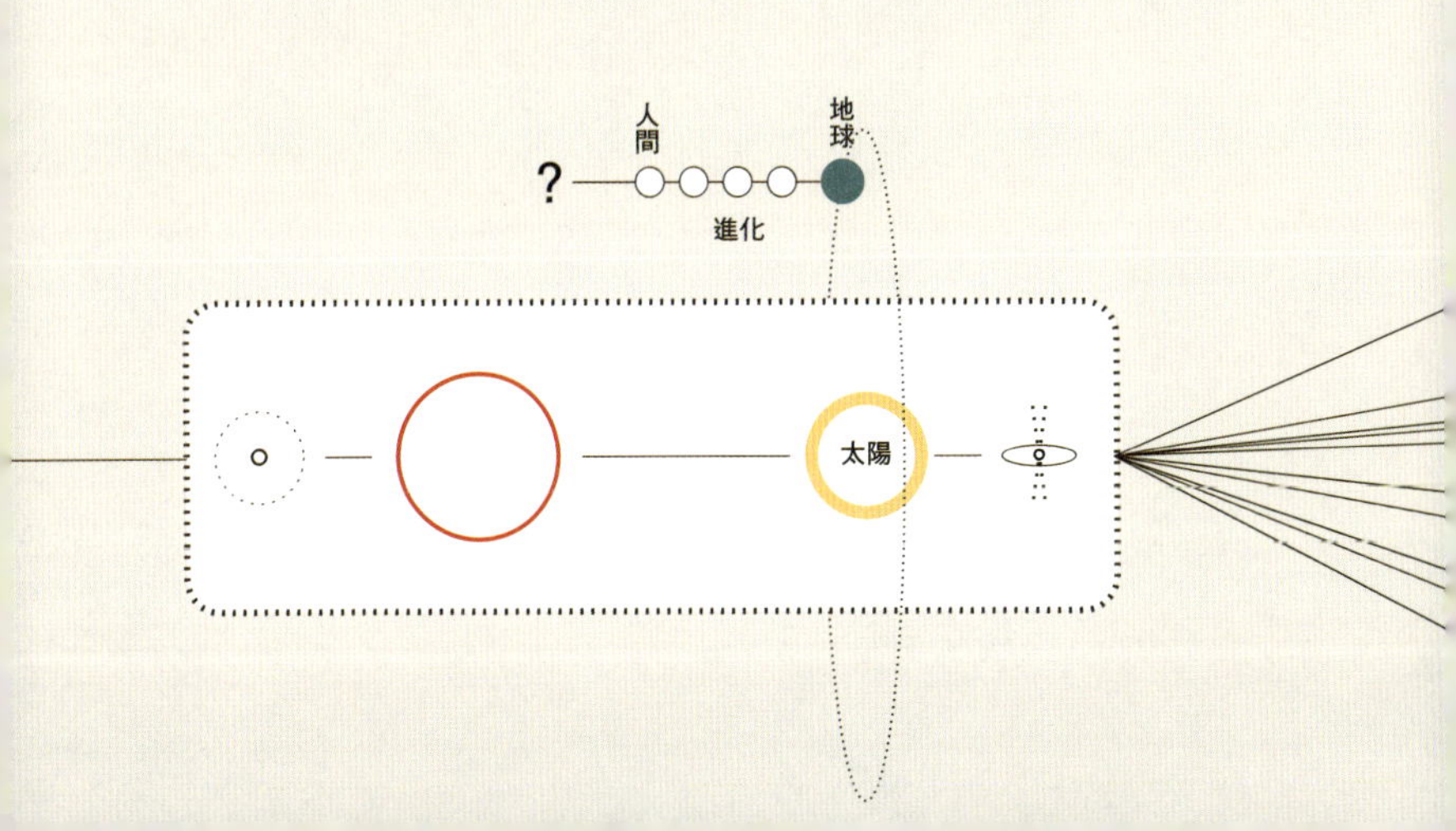

lesson.9

知と心

「奇跡って、信じる？」

「この瞬間にも、奇跡は続いてる」

「科学は正しい」。このことは、普段あまり疑われません。
しかし、その根拠はいったいどこにあるのでしょうか。
科学とて、人の心の営みの一部にほかなりません。
その歴史や枠組み。科学と、科学以外のものとの区別。
これらを問い直してみることもまた重要でしょう。
「宇宙」という破格の対象に立ち向かう時、人間が築きあげた科学は、
厳しく先鋭的なかたちで、その根拠や限界を問われるのですから。

理不尽な理性

いったいどうしたってんだろう。今朝の彼女は、いつもより（いつも以上に？）甘えん坊だ。起きたくない、とダダをこね、好物のフレンチトーストとカフェオレをぼくにつくらせて、ベッドの上で朝食をとると、またふとんに潜り込んでしまう。

「天気がいいから？」

「そう。それにこうして話していたいから。こういう週末の午前が好きなの」

「そりゃ、おれもだけどさ」隣に潜り込む。こういう時、ぼくは聞き役に回ることにしている。彼女が自分自身のことで雄弁になってくれる、数少ない機会だから。

「わたしね、この道に入ってからずっと、考えてたことがあるんだ」

「なに？」

「究極的にはたどりつけないものに、なぜ一生懸命迫ろうとするんだろう、って」

「ん？ どういうこと？」

「例えばさ、宇宙の始まり。これって、無からの創造論とか、ホーキングの虚時間の説とか、いろいろ考えられているわけだけれど、共通して、絶対に答えられない問題がある」

半同棲のように彼女と暮らしてきたから、その先の考えはテレパシーのように読める。

「……それはつまり、どんな説であろうとも〝じゃあ、その宇宙の始まりの仕組みを用意したものは、いったいなんなんだ？〟っていう問題が、またまた生まれてしまう、っていうこと」さあ、どうよ？

ふふ、と彼女は笑う。「いつか話したんだっけ？　とにかく、それってずーっと頭のどこかを占めている問題だったの。〝科学は、究極のなぜに答えられない〟。どんなに手法を洗練させても、どんなに答えの解像度をあげても、科学は〝世界の仕組み〟を説明してくれるだけで、〝なぜそうなっているのか〟には、答えてくれない。宇宙の始まりの問題には、このことが端的に現れているよね。これ、どう考えたらいい？　あなたがもし科学者だったとしたら、自分が究極の〝なぜ〟にたどりつけないことを、どう思う？」

そりゃまた、難しい問題だな。こんな時に必ず焦点をあわせる天井のシミを見つめながら、ゆっくりと答えを探す。

「……画家や作曲家も、同じ問題を抱えてるんじゃないのかな？」

意外そうな顔で、彼女が向き直る。「それって……？」

「いや、思いつきだけどね。世の中の究極の真実が籠められたような一枚を描いたり、作曲するために、彼らは悪戦苦闘しているんだろうか?」

「ふーん……。そもそも、そこに到達するのって、どだい無理な話だよね。でもアーティストは、そこに少しでも近づこうと作品をつくり続ける。どうして?」

「科学も芸術も、思われてるほどには、違いなんてないんじゃないか? ちょっと乱暴だけど、こんなふうに言ってみよう。〝科学は理性的だと思われているけど、それは手法の範囲においてであって、科学を支えている人間の知的好奇心は、理性というより、情念の賜物である〟」

「コウイチは、そんな風に考えるんだ」

「いや、1年前のおれにこんなこと言ったら、『頭大丈夫!?』って言い返してくるぞ、きっと。で、キョウコちゃんの考えは?」

「ねえ、〝わからない〟って、素晴らしいこと?」彼女はこちらの問いに答えず、独創的な無理難題をふっかけてくる。「う、うん……まあ、今の文脈でなら、そう思うけど。もし、世界のことわりが説明し尽くせるようにできてるなら、そもそも科学なんて、芸術なんて、この世に要るのかな?」

これは最近の実感だった。ぼくが大学で一般教養や経済学を教えられている間、彼女は他の大学で宇宙を教え、自分の大学で博士論文を書き、既に宇宙の研究の一端に携わったりしている。これだけ彼女を虜にする宇宙の世界（科学って言い換えてもいい）って、いったいなんだろう？　チアキだってそうだ。彼女の追求している音楽（芸術）の世界って？　どちらも結果ではなく（もちろん結果は重要だろうけど）、その行為自身を目的のひとつとしている……そう感じる。

「わたし……わたしもね、ちょうどそんな風に思っていたんだ」しばらくの沈黙の後、どこか遠くに話しかけるようなかすれた口調で、彼女がささやく。ぼくはここしばらくの不安を、急に思い返してしまう。近頃の彼女、なんだか変だ。なんてったらいいのか……以前のようには、ぼくは彼女の内面に近づけない。表層の部分では、お互いがお互いの一部であるかのように錯覚するくらいだってのに。さっきぼくが、彼女の言葉を先取りしたように。

キャリアのことが悩ませているのか？　ぼくがこうしてダラダラと学生やってる間に、彼女はこの春、学生ではなくなる。研究職がなかなか見つからないらしくて言葉を濁すのだけれど、博士号を取って社会に出ることは間違いない。気もそぞろに見えるのはそのせいだろうか？　それとも……考えたくもないけど、ぼくとの関係を、この機に見直そうとしてる？

関心が薄れた？　まさか、好きな男ができた？ そんな風にも、思えないけど。

獏とした不安をかき消そうと、彼女の方に手を伸ばす。手と手が触れあうと、彼女は思いもかけない力でぼくを引き寄せる。ぼくの望みが彼女に乗り移ったかのように。そのままぼくらは、言葉もなく、欲望の、力の限りにお互いを求めあう。目も眩むようなその時間の中で、やっぱりぼくはどこかで感じてる。ぼくの知らない彼女が、いつの間にか、彼女の中で大きくなっている。

二人の呼吸が収まるのを待って、ぼくは彼女と指をからませる。今が、その時なんだろうか？　それとも、最悪のタイミングなのか？　気持ちばかりが焦るけど、ぜんぜんわからない。就職先も決まっていない学生が、博士号は確実って大人に、将来のことを……お望みなら、「結婚」って言葉を使ったっていい……本気で考えてくれって伝えるのは、あまりにもバカげてるだろうか？

決心をつけかねて汗ばむぼくの手を、彼女は少し強く握り直し、身体ごとこちらに向き直る。視線をあわせると、そこには、驚くほどに真剣な面持ちで、訴えかけるような目で、なにかを伝えようとしている彼女の顔があった。やっぱり。目覚めてからの親密な感覚はどこかに消えてしまった。彼女とぼくの間には、見えない壁ができている。

「コウイチ……聞いて。大事な話があるの」

ヒトの営みと科学

「ちょっと。それ、気つけ薬代わりに出したんだからね。そんなに抱え込んでがぶがぶ飲まないの」

チアキの言葉を無視して、グラスにブランデーを注ぎ足す。

「……ほんと、しょうがないなあ」彼女は明らかに困惑していた。こんな時間にむりやり押しかける客なんて、そりゃあ迷惑には違いない。でもこの問題を相談できる相手は、彼女以外に想像できなかったんだからしょうがない。

「はぁ。ちょっとだけ、付きあうか。男のか弱さには馴れっこだしね」二人掛けのキッチンカウンターの、ぼくの隣に腰掛けて、チアキもグラスにブランデーを少し注ぐ。

「それにしても、なんであんなに頑ななんだ？　鉄壁に理論武装して、こっちの話を聞きやしない。しかも、相談もなしに、いきなりだよ。どうして女ってのは、いっつもこうなんだよ」

「いっつもって……あなたの昔の女なんて知らないよ。あたしは銀座のママじゃないぞ」

ぼくはカウンターにだらしなく上体を伸ばして、顎を板面に乗せ、指先でブランデーのキャップをいじるともなくいじっている。

「何時間かけて説得しても、聞いてくれないんだ。自分で結論を決め込んじゃってる」話しているうちに、とてつもない不安に襲われる。彼女は本気だった。3月なんて、もう来月じゃないか。彼女が心を開かないまま、決心を変えないまま、本当にいなくなっちまったら？

胃壁を灼くような刺激が欲しくて、またグラスを飲み干す。悪い夢を見ている。そんな気もするし、何度も見てきた悪夢の、今が本番なんだ、って気もする。全身に脂汗をかいて、寒気がしてくる。揺るぎないと思っていた地面が突然に消え失せて、上下左右もわからないまま、心は暗闇を落下し続けている。

「ねえ、もう止めとかない？」彼女の手を払いのけて、なみなみとグラスを満たす。

「コウイチ君てば‼……真剣に話そう。あたし、聞くからさ」

「話して解決すんなら、とっくに解決してんだよ」背中を丸めて、頭を抱え込む。

「コウイチ君？」

「彼女は……」

「なに？」

「彼女はこう言ったんだ。〝緩慢な死は、耐えられない〟って。わたしたちは強く結びつき過ぎているから、時間や空間がそれを風化させていくプロセスは、わたしをきっとダメにする。それならいっそ、今がいい。自分勝手だと思うけれど、そうでないとわたしは本当にダメになってしまうんだ、って」

チアキは、じっと黙り込んでしまった。二人とも口を開かぬ部屋に、沈黙がひたひたと満ちてくる。こんなところでおれはなにをやってんだ。いったいなにを……突っ伏した体勢から起き直ろうとして、ガクッとスツールから床に倒れ込んでしまう。

「コウイチっ‼」

彼女はぱっとしゃがみこんでぼくを抱き起こすと、「大丈夫⁉」と真剣な面持ちで覗き込む。

「……のはず……」と両手を彼女の首に回して、なんとか立ちあがろうとするけど、二人でしりもちをついてしまう。

「お願いだからさ。心配させないでよ」彼女の目が、すぐ間近にぼくを見つめていた。「……まあ、勝手に心配してんだけどさ」ぼくを抱き支える彼女の身体は、想像以上に柔らかで、暖かった。

ちょっと待ってくれ。正直言って、今ぼくは危険な状態にある。こんなに簡単に自暴自棄になる自分も情けなければ、すがりつける対象があれば身をうずめてしまいたい、そんな心の弱さにもショックを受けてる。わかるだろ？　こういうのが、チアキちゃんの言う「男のか弱さ」なんだぜ？　そんな時に、こんなに無防備に抱きすくめないでくれ。

心は、これは間違いだと叫んでいる。けれども身体は彼女を離そうとしない。むしろ、彼女を抱きしめる両腕に、知らずに力が込もっていた。

立ちあがりもせず、どれくらいの間、そうしていたんだろう。ぼくらはゆっくり上体を離し、お互いを見つめあうかたちになる。見たこともないような、上気した彼女の顔。その瞳から、視線をそらすことができなかった。なにか信じられないことが起ころうとしていて、二人とも言葉も交わさずにその予感を共有している。そんな感じだった。どちらからともなく、お互いがお互いに引き寄せられる。夢の中での光景のように、彼女がゆっくりと、待ち受けるように目を閉じていく。

これは……やっぱり間違いだ。彼女が差し出してくれているものは、本当に美しい。けれどもぼくの心は自分勝手で、脆くて頼りなくて、キョウコちゃんを失った大きな穴を、一刻も早くだれかで、なにかで埋めあわせようとしているだけだ。

ぼくらの上体はもう一度ゆっくりとひとつになっていくけれど、ギリギリのところでお互いの衝突軌道を回避して……そして今、ただ、優しく抱きしめあっている。大丈夫だ。なんにも起こらなかった。彼女だって、しょげかえってる情けないダメ男につい情が移ったとか、好奇心を感じたとか、その程度のことなんだ。

耳元に、彼女の溜め息混じりの声が聞こえてくる。「あなたを慰めたいのは、ヤマヤマなんだけどねえ」ふっと笑みをもらす。……やっぱりな。びっくりさせんなよ。チアキはそうやって、冗談半分でおれを持ちあげちゃ、落っことしてくれるようなともだちなんだから。

「いや、もう十分すぎるくらい慰められちゃったよ。ありがとう。なんだかこれで、明日から生きる活力が湧いてきた」

「……なんか無理してない?」

「冗談言える状況かよ、って話だよな。フラれてヤケ起こして、彼女の親友に慰めてもらってる男がさ。……なあ、キョウコちゃんにとっての科学ってなんだ? チアキちゃんにとっての音楽って。おれたち、なんでだれかを好きになるとこんな面倒な感情に振り回されちゃうわけ?」

「あのさ、いくらなんでも質問が支離滅裂じゃない?」

「ごめん。彼女にもよく言われる」

「ま、いいや。今晩はなにかと特別サービスだけど」

ぼくらは、カウンターに座り直す。不思議といつもの二人に戻るような気がして、非現実的なさっきのアクシデントは、もう遠い昔の出来事のようだった。


「あなたの言うその〝面倒な感情〟だけどさ、それってあたしが思うに、人間なりの〝洗練〟って言い換えてもいいものなんじゃないのかな?」

「洗練? 洗練って?」さすがチアキ、説明されるまで、ぜんぜん脈絡がわからない。

「精神的結びつきを伴う恋愛って概念は、近代人の発明物にすぎないんだってのは、よく言われてるよね。でもそこまで極端なことを言わなくたって、動物と違ってヒトは年中発情期にあって、セックスを高度なコミュニケーションや儀式で体系化しながら、独自の文明を築き上げてきたわけでしょ。そして、目を見張るような素晴らしい芸術作品を生み出してきた。キョウコのやってる科学だって、文明の混沌の中から、徐々にかたちづくられたんだと思う。そこには連綿と、人間的な〝洗練〟のプロセスがあるって言えないかな」

「ちょっと待った、科学が、混沌？」

「言葉や表現は正確じゃないかもしれないけど。でも、ガリレオは占星術師でもあったし、ニュートンは本気で錬金術にのめり込んでた。科学は最初から、今の科学みたいだったわけじゃないよね。それに、科学が科学自身を定義することの難しさは、ちょっと科学哲学の歴史をかじればわかる。あたしの考えでは、科学はまだまだ洗練の途中。所詮、ヒトのやってることなんだし。科学や音楽を真剣にやるってことはさ、その境界や限界を意識するってことでもあると思うんだ」

チアキらしい、あっちこっちに話が飛ぶ、極端だけど妙に説得力のある言葉だ。「キョウコちゃんとはずいぶん違う考え方をするんだな」

チアキは、しばらく沈黙する。

「……キョウコは、純粋だから」彼女はぼくを立ちあがらせて、ゆっくりと玄関へ押しやる。

「はい、コート。もう帰って。キョウコ、きっと待ってる」

彼女の言うことが正しかった。帰るべきだ。

「急に邪魔しちゃって、悪かった。ありがとう。……な、今さっきのことだけど、あれ、ちょっとおれをからかってみたんだろ？　お互いに忘れる、ってことでいいよな？」

「あなたはあれを、からかわれたと思ったの？」

ぼくの目をまっすぐに見据えて、彼女は問いかける。

「だってまさか、チアキちゃんがおれなんかに……」

「ほんと、しょうがないなあ」こんな言葉を、一日に二度も言われるなんて。「コウイチ君は、自分を卑下することが美徳だとでも思ってるわけ？『オレなんか』って採点を甘くして、自分でもそれを信じ込んで、相手にも触れ回ればそりゃラクだろうけど、それってあなたを正当に評価しようとしている相手に対して、誠実な態度って言える？」

完全に、虚を突かれたかたちだった。偶然がぼくらにキスのきっかけを与えた。ぼくは、あえてそれに応えなかった。それはいい。けれど、そこに今のような言葉までかぶせるのは、アンフェアで醜い、責任逃れでしかない。その言葉で自分自身まで騙そうとしてたんだから、ますますたちが悪い。

「自分が一度したことは、消えないんだよ。悪いけどあたしは今夜のこと、忘れないと思うよ。それが楽しい想い出になるのか、苦々しいものになるのか、それはあなた次第なんだってことくらいには、気づいてて欲しかったな」

なんて軽卒なことをしでかしちまったんだ。だいたい、泣き言ひとつ、自分の心にしまっておけないなんて。ここに来ようって時点で、甘える算段でいたんじゃないか。それでいて、なにが人を傷つけるかって想像力もない。そんなコドモなんだ。無知であれば許されると思ってる、そんなお前の欺瞞を彼女は突いたんだ。いつかキョウコちゃんが看破したように。

今朝方からの自分に、心の中でありったけの罵詈罵倒を浴びせながら、ぼくはチアキのマンションを後にする。

人間原理

部屋に戻ってみると、彼女はいなかった。空気が冷たい。出て行ってから、だいぶ時間が

経ってるっぽい。胸騒ぎがして、クローゼットを掻き回す。コートがない。おい、どこ行ったんだよ⁉

ケータイが鳴る。慌てて手に取る。チアキからだ。

「チアキちゃん？」

「大変なの」

「彼女がいないんだ」

「来たのよ、ここに」

「えっ⁉」

「泥酔してた。ボロボロだった。それでね、玄関に入るなり、あなたのマフラーを見つけたの。……あたし、忘れてた。あなたは、マフラーを置いてっちゃったのよ」彼女の声がうわずっている。

「それで？」

「『これなに？　どうしてここにあるの？』ってことになっちゃったの。最悪だったのはその後。彼女、急に心を閉ざしちゃって……。あたし、言われちゃった……『さすがよね』って。初めて聞くような、ものすごく冷たい声で。真っ白い、無表情な顔で。『わたしにフラれて落ち込んでる彼を、さっそく慰めてあげたってわけだ？　どこまで行ったの？』……『あなたはきれい。頭もいい。オトコの扱い方も心得てる。あなたはミミなんかじゃなくってカルメンね』って」……ここまで話すと、彼女は先を続けられなくなってしまう。

最低だ。まったく、どれだけバカをやらかしたら気が済むんだ。キョウコちゃんと口論のあげく、チアキのところに押し掛けては醜態をさらし、とどめにキョウコちゃんを……このおれのことで相談しようと、やっとの思いでチアキを訪ねたに違いないってのに。「あたしたち、誤解されちゃってる。キョウコ……フラっと出てっちゃって。追いかけようとしたら、『あんたって最低!!』って、自転車で。あの精神状態、なんだか糸の切れた凧みたいで。コウイチ君、このままじゃ……」

「わかった。とにかくおれ、探すから」

「コウイチ君？」

「なに？」

「……あたしたちのことを、お願い」

あたしたち。ケータイの向こうから、チアキの気持ちが痛いほど伝わってくる。

「とにかく、まかせろって。探し出すから」自信なんかなかった。でも、こうでも言っておかないと。とにかく彼女を見つける。話はそれからだ。

一年で一番寒い季節だった。外にいたら凍えてしまうはず。自転車を飛ばして、思い当たるありったけの場所を探した。こんな時間までやってる店はそんなに多くない。そのどこにも、彼女はいなかった。まさか。最後の望みをかけてペダルを踏みしめる。息は切れ、腿がはちきれんばかりになっている。頼む。頼むからそんな寒い場所にいないでくれ!!

公園へ乗り入れると、自転車をガチャンと乗り捨てて、街の灯りから取り残されたような、暗闇に包まれた空間に飛び込む。頼りにならない視界を無視して猛ダッシュしていくと、突然、滑り台の先端につま先を取られ、ものすごい勢いでその場に倒れ込む。全身で滑り台の斜面に叩きつけられ、ゲフッというなり声とともに肺の空気が口から押し出される。

「……痛ってえ……」

そのまま斜面を這いずり登る。つるつるの滑り台に靴底を滑らせながら、空しく手を伸ばしてあたりを探っていると、なにかが指先に触れる。無我夢中で追いかけて握りしめ、力一杯引き下ろす。滑り降りてくる。探し求めていたものが、確かな質量を持ってぼくの身体にぶち当たる。その脚の冷たさに、ぼくは息を呑む。「……凍えちゃうだろ、これじゃ」そのまま彼女の身体を伝って這いあがると、彼女はしばらく抵抗して、その後、ぱったりと動かなくなり、身体を硬くする。両脇の狭いレールに挟まれながら、ぼくらは滑り台の斜面で折り重なりあっている。

「……ちょっとした、その、誤解があって」ぐわ、最悪だ。こんな切り出し方ってないだろう、我ながら。いくら動転してるったって。

沈黙。


「……バカ」

「ごめん」

「なんでもっと早くこないのよ」

「おれが悪いんだ。全部」

「あなたのそういうとこ、嫌い。逃げじゃないの。結局」

沈黙。その通りだ。ぐうの音も出ない。

「なんで、こんな所に」

「言わせたいの?……頭を冷やしたかったから。来て欲しかったから」

「誤解、してないよね?」

「頭どころか、身体の芯まで冷え切っちゃった」

いったい、なにから切り出せばいい? ぼくは彼女を力いっぱい抱きしめて身体を密着させ、冷えた身体を手でこする。彼女は寛大にも、それを許してくれる。

「……なあ、おれたちの名前ってさ」これ、今言うべきタイミングなのか? 逆効果じゃないの? いや、迷った時には実行だ。「三角形に、つながるんだぜ。気づいてた?……ほら、キョウコ、コウイチ、チアキ、キョウコ……」

「……コウイチ、チアキ、キョウコ。……あ。ほんとだ……ほんとだ」

「偶然にしちゃあ、できすぎてない? いつか、話そうって思ってたんだ」

どこもかしこも冷たい彼女の身体を温めながら、暗闇に微かに浮かぶ彼女の横顔を盗み見る。その顔は無表情で、なにを考えているのか読み取れず、そして、息を呑むほどに美しい。

「チアキちゃん、心配してた。身も世もないほどに」

「……ずいぶん古風な言葉、使うのね。ハタチにしては、感心」

そりゃ、頭が良くて風変わりな女のコ二人に、ずいぶん鍛えられたからな。彼女の反応に、少しホッとしながらそう考える。


暗がりの中で、彼女の顔が、少しだけ笑みをかたちづくったように見えた。

「ね、コウイチ。……奇跡って、あなた信じる？」

「信じるよ。この瞬間にも、奇跡は続いてる」

「それって、超科学的な意味で？」

「いや、純粋に確率的な意味で。そういう意味では、ぼくは〝人間原理〟の考え方に惹かれてるのかもしれない」宇宙は、観測する存在がいるからこそ観測される。その確率は奇跡にも思えるけれど、ぼくらはこうして、たしかに存在してる。

「今、どうして笑ったの？」驚かさないように小さな声で、彼女に聞いてみる。

「……あれから、そろそろ1年なのか、って。ちょうど、この場所で」

そうか。1年なんだ。

彼女の視線の先には、春の大三角形が輝いていた。チアキがぼくをフッて、おかげでキョウコちゃんと〝衝突〟したあの日も、きっとそうだったのに違いない。

「そうだね。この滑り台で。あの、でっかい三角形の下で」

……ぼくらは、それと知らずにトライアングルを作った。ぼくは滑り台から落っこちて、おかげでものすごい恋に落ちた。


「わたしたち、ずいぶん変わったみたい」

「うん、変わった」

「あなたは、どんな風に？」

「そうだな……見方ひとつで、世界がどんなに魅力的になるかってことを教えられた。知らないことの多さを知った。この宇宙や自分たちの存在に、無限の豊かさを感じられるようになった。自分を変える必要を感じた」どれも外れてはいないけど、今、本当に言いたいことからは程遠かった。肝心な時って、いつもこれだ。

「キョウコちゃんは？」

「わたし、自分にとっての科学ってものを考え直してきたんだ。思い込みや頭でっかちの知識だけじゃなくて、世界をまっさらな目で見直そうって。多分、あなたのおかげで。わたしも、自分を変えないといけないの。だからね……やっぱり行かなきゃいけないんだ」

忘れてた。いや、嘘だ。むりやり忘れたフリをしてた。おれは、フラれたんだ。ちきしょう、胸の痛みが（比喩じゃない。リアルな激痛だ）一気に戻ってきやがった。

「……まあ、今はいいじゃん、その話は」

「もう少しだけ。……わたしはね、決着をつけに行かなくちゃいけないんだ。こんな自分に。バラバラな知識を束ねて、本物の知恵に変えなくちゃ。科学の可能性と限界を見極めて、宇宙とわたしをつなげなきゃいけないんだ」

彼女の冷えきったくちびるに手をあてて、熱に浮かされたようなその言葉を止める。真っ黒な長い髪と冷たい頬を、落ち着かせるようにそっと撫でてみる。

「わかった。キョウコちゃんにはやるべきことがある。それは、バカなおれにだってわかってるんだ。でも、思い詰めるなって。とにかく帰ろう？　あったかいスープでも作ってあげるよ」

彼女は大人だ。そして選択を迫られてる。そんな社会的存在としての彼女を、ぼくは手助けすることも、支えてあげることすらできない。けれど、殻を脱いだ裸の彼女を支えてあげられるのは……自惚れだってかまわない。そんな誰かがいるとしたら、それはぼくのはずなんだ。

彼女の時計は、大人の時間を刻んでいる。ぼくのはいわば「モラトリアム時間」だ。そんなことだから、ぼくは彼女を心から理解してあげられない。彼女がぼくを欲している時でさえ。二人は、同じ時間を刻む必要があるんだ。いや、あったんだ、と言うべきなのか？

本当に、もう終わってしまったんだろうか。目の前で微動だにしない彼女のくちびるに、近づくことさえ許されないのか。ぼくは祈るような気持ちで、彼女の視線を捉える。何千、何万、何億年前から届く、数えきれない星々の光だけが、ぼくたちを見つめている。

講義9 科学と人間

人間は宇宙から生まれました。そして人間は科学という手法を生み出しました。その科学によって、宇宙から生まれた人間がそのルーツである宇宙を見つめ、その仕組みを知ろうとしています。しかし新しい知識を得るたびに、また新たな疑問が現れます。わたしたちはいつか、宇宙の生まれた理由を解き明かすことができるのでしょうか。そもそも人間が世界を探る眼は、どこまで科学的でいられるのでしょうか。この疑問を考えることは、科学というものを、科学の外の領域から見つめる行為へとつながります。

「科学的」とはどういうことか

科学はいったい、どこまで手を伸ばせるのでしょう。これまでの講義で、観測できる宇宙と観測できない宇宙があることを説明してきたように、科学は現在、観測できる宇宙だけでなく、将来観測できるであろう宇宙、さらには永遠に見ることのできない宇宙までをも対象としています。ではこれらの間に「科学的であること」の質の違いはあるのでしょうか。そもそも、科学的といえるものと、そうでないものの違いは、どこにあるのでしょうか。

実はそのような区別は、厳密にいうと極めて難しいのです。科学的なものとそうでないものの間にはグレーゾーンといってもいいような大きな幅があり、時代や地域の科学観・自然観によって、グレーゾーンそのもののありようも揺らいでいます。科学がどのようなものであったのか、そしてどのようであるべきなのかを考察するのは「科学哲学」と呼ばれる学問の範疇《はんちゅう》です。では、その科学哲学的な視点において「科学的なもの」とは、どのようなものを指すのでしょうか。

科学哲学と「反証可能性」

科学哲学の世界においては、科学と非科学を分ける判断要素の一つとして、反証可能性と呼ばれる指標があります。反証可能性とは、「ある理論が、実験や観測によって反証される可能性があるかどうか」ということを意味しています。ここで「理論が反証された」とは、その理論から導かれる推測が、実験や観測の結果と適合しないということを意味します。また、「反証可能性をもつか否か」をもって科学的理論とそうでないものを分ける」という立場を、反証主義といいます。反証主義にしたがえば、実験や観測によって反証された理論は捨て去られるべきであり、また、反証する可能性を持たない理論は、科学理論とはみなさないのです。どんなに正しいと思われている科学理論であっても、それらが反証可能性をもっているということは、いつかは反証され、その理論は間違っているとみなされる可能性があるということです。例えば「わたしたちのいる宇宙はいま膨張している」という理論は、膨張していると仮定したときに、それと根本的に矛盾するような観測結果があれば反証されたことになります。この反証主義の立場に立つならば、「その理論が誤っていると反証されうる」という可能性をもつことによって、その理論が科学的である、とみなされるわけです。「間違っていると証明できる可能性に開かれているからこそ、科学的である」。なんとも逆説的でユニークではないでしょうか。

また逆に、理論に反証の可能性がないのであれば、科学として扱うべきものではないわけですから、例えば「この宇宙は目的をもって作られた」という理論は、科学理論とみなされません。この理論はなにをもって目的としているのかを示せないので、反証するための条件が不明だからです。「こんなに巧妙に宇宙ができているのは偶然とは思えない。なんらかの意思があるはずだ。宇宙の巧妙さこそが宇宙が目的を持つ証拠だ」あるいは「人間が持つ善意こそが宇宙が目的を持って生まれてきた証だ」などと感じたとしても、反証主義の立場に立つならば、どのような証拠が見つかれば反証となるのかを示せないと、科学的な理論とはみなされないわけです。

「反証可能性」は有効か？

では、現在の科学哲学の知見から見て、反証可能性を持つか否かによって、あるいは反証されてしまったか否かによって、科学的か否かを明確に分けることができるのでしょうか。残念ながら現実的には「反証可能性の有無」はかならずしも科学と非科学の境をなすものではないことが、科学史家や科学哲学者の検討によって明らかになってきました。例えばいくども反証されながらも、迷路を抜けようと細かい修正を繰り返しながら、新しい実験や観測の結果と適合するように理論を組み替えて、最終的には科学理論として認められたものがあります。また、一般的には科学理論として認知されながらも、観測技術的な理由などから反証不可能なものもあります。さらには、反証可能性を有しているのに、状況的に判断すれば科学として扱うには無理がある理論もあるのです。しかしこれらの例があるからといって、反証可能性が無意味となってしまうわけではなく、考察すべき重要な要素であることには変わりがありません。

反証可能性以外にも、科学的か否かを考察するためのさまざまな指標や考え方が提案されていますが、残念ながら現状においては、そのいずれもが、科学と非科学を明確に分ける決定的な決め手とはなり得ていないようです。

社会の中の科学、個人の中の科学

世の中には「科学的だ」と主張される理論が数

多くあります。しかしそれがどの程度科学的かという社会的な判断は、どのように行われているのでしょうか。それぞれの理論について、現在の価値の枠組みの中で妥当と思われる判断を行うことはある程度可能でしょう。しかし後世から振り返って確かに科学的な理論だとみなされるものであっても、科学理論が生まれて、その後十分に確立されるまでは、非常に判断が難しい場合もあるのです。現実的には、理論が確立するまでの歴史や、観測・実験機器の発達水準、その理論を取り囲むほかの理論との整合性、説明できる事実が増加しているかどうか、などを総合的に踏まえて判断されている、というのが実情でしょう。科学と非科学の線引きは、一般に思われているよりも曖昧なのです。

見えるものに対する理論と見えないものに対する理論の、どちらがより科学的でしょうか。観測できるという意味においては、見えるものに対する理論は、見えないものに対する理論よりもすぐれていると思われるかもしれません。しかし個々の理論が科学理論としてすぐれているかどうかについては、その扱う対象が見えるのか否かといったことのみならず、前述のように、それぞれの理論が確立されてきた状況を考慮して判断されるべきものである、と考えられます。

また、唱えられた科学理論が社会にどうやって認知されるのかという以前に、研究者がどうやってその理論にたどりつく手がかりを得るかという点においては、論理的にははかり知れない飛躍的なひらめきや思いつきに大きく依存していることも多いでしょう。わたしたちが科学を俯瞰するとき、合理的な論理構築と、観測や実験の積み重ねに着目するとともに、荒唐無稽と言ってしまってもいいような非合理的思考の関与にも着目するべきなのかもしれません。科学的成果は合理的ではあっても、それらを見出すきっかけは合理的あるいは科学的である必要はないのです。むしろ合理性を逸脱したところにこそ、科学の大きな前進を生み出す力が潜んでいるのかもしれません。

人間原理

宇宙のありようについての大きな疑問の一つに、「なぜ宇宙の物理定数や物理法則が現在観測されるようなものであるのか」というものがあります。宇宙の物理定数や物理法則は人間という知的生命体が生まれるのにとても都合のいい状態と考えられます。なぜ宇宙はそのように人間に都合がいいのか。この疑問に対する答えの一つとして「人間原理」という考え方があります。

人間原理とは「わたしたち人間という知的生命体が観測している以上、結果的には、人間が生まれるのに都合のいい宇宙しか観測され得ないだろう」という考え方です。宇宙がたった一つしかないのであれば、宇宙が人間に都合がいいのは極めて不自然に思われますが、さまざまな物理定数や物理法則をもつ宇宙が無数にあり、その一つがこの宇宙であれば、人間原理は説得力のある考え方でしょう。

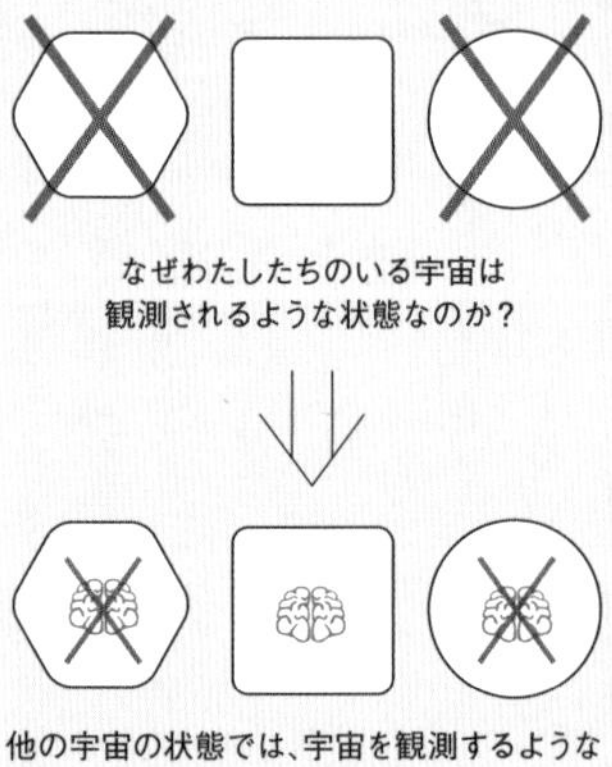
なぜわたしたちのいる宇宙は
観測されるような状態なのか？
他の宇宙の状態では、宇宙を観測するような
知的生命は生まれないから？

講義5や講義6でお話ししたような宇宙創成のシナリオを考慮すれば、わたしたちの宇宙以外に

も、多くの宇宙が生まれていると考えるほうが自然に思われます。そしてそれらの宇宙は、わたしたちの住む宇宙とは違ったありようを備えていることでしょう。さまざまな宇宙のありようがあったとしても、それらが知的生命体が生まれる条件を満たし、かつ誕生しなければ、観測されません。よって観測されうる宇宙は、観測者となりうる知的生命体が生まれる条件を、当然ながら満たしているると考えるわけです。この考え方は非常に自然で合理的です。

しかし、この仮説を科学的に取り扱うには問題があります。なぜなら、「さまざまな宇宙が生まれている」という仮説そのものが、科学的に検証ができないからです。さらに人間原理は、それを是としたときに予測されるような事象がなに一つありません。ですので科学的な実験や観測による検証ができないのです。つまり現時点では「さまざまな宇宙がたくさん生まれている」ことも「人間原理」そのものも反証の可能性がありません。反証可能性がないだけで、一概に「科学理論として扱えない」とは言えないことはご説明しましたが、その他のくむべき要素を考慮しても「人間原理」そのものを科学的な議論の俎上に載せることは困難だと考えられます。合理的ではあっても科学として扱うことがむずかしい、というケースもあるのです。

因果の果て

わたしたちの身の回りにある、あらゆる物や出来事は、すべてなにかの原因があってそこにあるように見えます。道端に転がる石ころでさえ、宇宙が生まれてから137億年ものさまざまな歴史を経たうえでの結果の一つであり、さらには、今後起きるであろうなんらかの出来事の原因となっています。なんの原因もなく唐突に出来事が起こることなどないと考えられています。「あらゆる

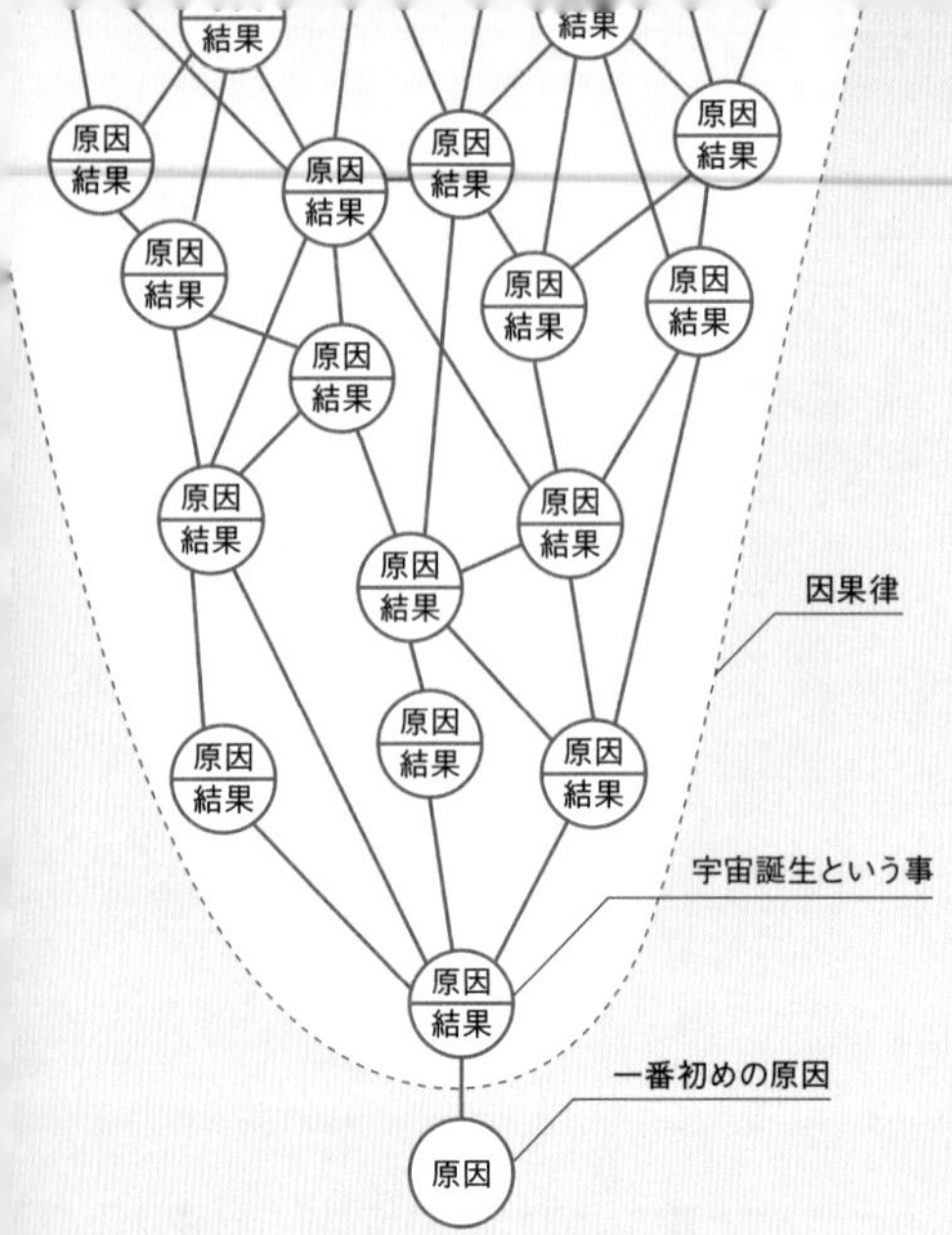

物や出来事には原因がある」という仕組みを「因果律」といいます。わたしたちは、物事にはその元となる原因があって、その原因となった物事にもまた原因があるという「因果律の連鎖」があることを経験的に知っています。それゆえに、宇宙の始まりがどうなっているのかと、想いを巡らせてしまうのでしょう。人間は現在のような「科学」という手法を確立する遥か以前から、その問いについて考えてきました。人間は、因果の果てを知ることができるのでしょうか?

　その果てとなる「一番初めの原因」には、原因がないはずです。なぜなら「一番初めの原因」に原因があれば、一番初めではなくなってしまうからです。このような「一番初めの原因」があるのであれば、その「原因」は因果律にはしたがわないものになり、因果律の外にあることになります。

　さらに、その「一番初めの原因」が、時間や空間の誕生に先だってあるのだとしたら、「因果」という概念そのものも、時間や空間に依存しないものとして拡張しなければならないでしょう。講義5でお話ししたように、科学的考察は、すでに宇宙の時空が生まれる以前にまで伸びています。わたしたちは科学によって「一番初めの原因」を知ることができるのでしょうか。

科学には知り得ないことがある？

反証可能性も人間原理も、そして因果も、「宇宙の始まり」といった究極の疑問において、科学そのもののありようを問いかける要素であるといえるかもしれません。科学は世の中のあらゆる出来事の原因を探っているように思われていますが、現在の科学的によって知り得るのは、わたしたちの住む宇宙がどのような仕組みで動いているかであって、仕組みそのものが「なぜ」あるのかを問うことはできません。つまり、これまでのような科学的手法によっては、宇宙が存在する根本的な原因は、決して解明できない、ということなのです。しかし科学が宇宙の仕組みを解き明かすことは、究極の「なぜ」に対する答えに近づくことにつながっていくのかもしれませんし、わたしはそう信じています。これは合理的に生まれる思いではなく、わたしの信念です。

lesson.10

探求し続けること

「最後に教えて。きみにとっての科学の意味を」

「ごめん……わたしもう、行かなきゃいけないんだ」

ヒトは過去、科学によらずとも、さまざまな方法で世界を理解しようとしてきました。それは、合理、非合理を問わず、「知りたい気持ち」を満たすことが、いかに重要であったかの証です。科学の歴史とは、その気持ちを満たすための普遍的な方法論を確立し、洗練させてきた歴史とも言えるでしょう。究極の「なぜ」に、科学は答えられるのでしょうか。美しく魅惑的な宇宙にわたしたちが抱く、この恋にも似た気持ちに、答えの出る日は来るのでしょうか?

マルチバース

わたしとコウイチの部屋だったのに。がらんとした空間は、もう次の入居者を待ち受けている風情だった。ここに立っているわたしたちの方が、いまや部外者なのだ。荷物をあらかじめ送っておくことにしたら、手で持って行くものは、心細いまでに少なくなってしまった。

「忘れ物……ないね。言うまでもないか」

「ええ。みんなここに収まっちゃった」

そんなふうにして、わたしたちは出かけた。二度と帰ってこない「行ってきます」を、よそよそしくなってしまった、大好きだった部屋の抜け殻に告げて。

見送りは何度も断ったのに、コウイチは頑として、ついていくと言い張るのだ。わたしと付きあっているうちに、強情なところまで似てきたのかもしれない。けれども道中、コウイチは優しかった。わたしを必要以上に苦しめようとしなかったし。もう、遠距離恋愛がどうこうなんて喧嘩はウンザリ。無理なものは無理なのだ。わたしたちは現実を認める必要がある。それに自分で言うのもなんだけれど、わたしは一度決めたことをそう簡単に撤回するような女じゃない。わたしが受け入れざるをえなかった結論を、時間をかけて、ようやく彼もわかってくれたのだった。

そんな状態で、平日早朝の成田エクスプレスのコンパートメントで、いったいなにを話すことがあるだろう？　窓から見える景色はどんどん地方都市のそれになり、建物が減り、しまいには、曇天が窓いっぱいに広がっていく。

恋人たちは、明日があるから話が尽きないのだ。わたしたちが口数少なく、ドラマチックなセリフひとつ話せなくても、それは無理のないことだった。結局こんなものなのだ、現実って。


どちらからともなく、隣りあった手を握りあっている。普段なら、電車の中でこんなことはしない。けれども明日からは、〝普段〟はない。

「キョウコちゃん？」

「なに？」

「仮に……仮にだよ？　おれが、おれの兄貴だったとしたら、やっぱりおれは、キョウコちゃんと物理的に衝突して、衝撃的な恋に落ちたんだろうか？」

意外性。そうだ、これも彼の魅力のひとつだった。付きあい始めてからのいくつかの想い出に不意打ちされて、心がヒリヒリと灼けつく。「仮に……ってわたしも返すんだけれど、仮にマルチバース理論にそれなりの信憑性があるのなら、どっちの可能性も存在する、ってことになるんじゃないかな」

「だったら」とコウイチ。「マルチバース理論って、理論的な意味あいはあっても、個々人の人生って意味においては、無きに等しいもんだな」

「同感ね。わたしたちは、わたしたちの人生だけを生きざるをえない」

「ずっとそれ、考えてたんだ。……おれが、仮におれの兄貴だったとしたら、世界はどうなってた？ それを想像するのは難しい。けれど世界はおれを選んでくれたんだから、おれはこの世界をせいいっぱい呼吸して、正しいと思う方向に突き進んで、失敗するなら盛大に失敗するべきだ。後悔したくないから。生まれて来ることができて、存在してること自体が、おれにとっては奇跡なんだ。こんなにもわかりやすいヒントに、キョウコちゃんに出会うまで、おれは気づかなかったんだ。わかるかな、おれが言いたいこと。おれたちは可能性なんだ。この世界の」


存在すら奇跡的な確率であるような宇宙の中に、奇跡的に生命の誕生に適した条件を備えた地球という惑星が誕生し、その中で、ヒトという意思ある存在として誕生し、自らの人生を選び取っていけるという奇跡。

「……もちろん、奇跡って言葉をこんな風に濫用しちゃいけないよな。感傷的で文学的な比喩だ、これは」

でもそれは、きみの宇宙のレッスンや、三人のディスカッションが実感させてくれたことなんだ、と彼は言った。きみはおれに、宇宙開闢以来のすべての因果の連鎖が、現在を生み出し、おれやきみをかたちづくっている、って言った。それは未来にも適用できる話だろ？おれたちは誰も彼もが、これからの世界を編みあげる役割を担った、強くてしなやかな、それぞれ微妙に色あいの異なる一本の糸なんだ。だからおれたちは誰もが、後悔しない選択をするべきなんだ。

「だからさ。……行っといでよ。今さら、初めて言うけど、おれはきみの決心を心から応援しようって思ってる」

「あなたは、このことを引きずらなくてすむの？　見送りだって、わたし、断るべきだったのに。まだ後悔してる」

「おかげで、おれは後悔しなくてすんでる」彼があまりにも無防備に微笑むので、胸がいっぱいになって、わたしも笑わなきゃと思うけれど、それは半分泣き顔の混じったような、おかしなぎこちない表情になってしまう。

三体問題

空港では、約束通りチアキが待っていてくれた。世界中の旅人たちが行き交う、あわただしく非現実的な空間の一角を占めているカフェの、そのまた一角で、最後のひとときをなんとか意味あるものにしようと三人は苦闘する。けれども現実に発される言葉は空しくて、誰もが誰もに本心を届けられない。これが今のわたしたちの精一杯なんだってことは、自分たちでもわかっている。

「わりぃ。ちょっと腹の具合が悪くてさ。トイレ行ってくるわ」コウイチが席を外す。ほんとに間が悪いよ。このタイミングでミミと二人きりにするなんて。あの時以来、わたしたちは一度も、二人で会ったり、話したりしていなかった。わたしのぶつけたひどい言葉を、おそらく彼女は許してくれているだろうけど、わたしの方で気まずい思いをぬぐいきれない。ミミのことだ、そんな気持ちはお見通しだろう。まったく、イヤになる。

「……こんな大事な時に、トイレだなんてさ。済ませときなさいよ。ねえ？」

「コウイチ君、しばらく戻ってこないよ」

「なんで？」

「だって仕込みだもん」

「仕込み？」

「二人で示しあわせてるってこと」

「は？」

「これから、あなたにサプライズがあるから」

「……あのさ。しゃべっちゃったら、サプライズにならないいんじゃないの？」

彼女は突然ヘンな発音で口上を述べ始めた。

「そなたにふさわしい、魔法のアイテムを授けよう」と、繊細にラッピングされた、長方形の物体をわたしに差し出す。

「え、なに？　嬉しい、プレゼント？　開けてもいい？　それとも、コウイチ待とうか」

「今すぐに、この場で開けるべし」と、妙な演技を続けている。魔女かなんかをイメージしているらしい。

それじゃ、と思い切りよくラッピングを破ると、キレイなパッケージに包まれた腕時計が出てきた。黒とシルバーを基調にした洗練されたデザインで、盤面が上下に2つ付いている。

「うわあ、素敵!!」と思わず声に出してしまう。

「説明しよう。一見、それはただの時計にすぎぬ。ところが、日本に想い人を残しているものには、あら不思議、盤面が2つに見えてしまうのだ。ある種の呪いでな」

「えー、わたしとコウイチのためにってこと!?　ちょっと、そういうのは困るよ」

「ちなみに上の盤面はチリ時間、下の盤面は東京時間になっておる」

「時間、同じじゃないの」

「そりゃあ、時差が正反対だからな。だからわざわざ、上がチリ、下が東京と説明したのだよ。昼夜が逆なのじゃ」

「なんなのよ、それ。意味ないじゃん……それにしても、困ったなあ」

「えー、信じらんない!!　意味、めちゃめちゃあるでしょ!?」ってあんた、演技が素に戻ってるよ。

「あなたさ、研究とプライベート、分けてるでしょ？」

「だからなに？」

「そんなことだから『困った』なんて言うんだよ。シゴトとジブンはひとつ。そういう覚悟が、あたしにもあなたにも必要なんだ。それにね」と彼女はわたしの手から時計を取りあげて2つの盤面を指差す。

「上はあなたが生きてるチリの時間。下はコウイチ君が生きてる東京の時間。2つの文字盤がまったく同じ時間を差していても、見えてくるのは、まったく違うことだよ。見えるものをバネにして、見えないものに一気に想像の羽を伸ばす。そういう力が、あたしやあなたには必要なんだよ」

ミミは突然、そこらの箴言にも劣らない鋭いセリフを発することがある（大抵「あたしそんなこと言ったっけ？」って、後で忘れてるんだけど）。今の場合、ミミは「あたし」という言葉で「芸術」を、「あなた」という言葉で「科学」を表現しているように、わたしには聞こえた。

「……そっか。そうなんだ」と、控えめに納得してみる。

「そうだよ。それに、あんたが受け取り拒否したらあたしたちの苦労はどうなんのよ。二人で一生懸命探したのにさ」

「二人で?」

「そ、二人で」

「だったらなんでコウイチと一緒に渡さないのよ?」

「そりゃ、めっちゃ渡したがったよ、コウイチ君は。あたしが役目を取りあげたの」

「なんでよ」

「キョウコも鈍いなー。あたしが渡した方が、効果的に決まってるからでしょうが。名だたる三体問題をバシッと解決するためには」

三体問題というのは、万有引力の法則に従って運動する3つの質点の関係を取り扱う問題の名称だ。例えば、太陽と地球と月の運動。ほとんどの場合、解析的に解くことはできない。答えのない難問ってわけだ。

もし、コウイチから渡されたなら? もちろんわたしは受け取らない。ミミが渡すなら? 彼女がコウイチを応援することになる。それに、コウイチを挟んでややこしくなってしまった、わたしとミミの関係を修復することにもなるわけだ。ミミ、あんたには一本取られたよ。

それにしてもこの時計、どうしよう？

「ちなみに……」え、まだちなむの？

「……この恐ろしい呪いを無視する愚か者は、必ずや妖艶なる若い美女にその王子様を奪われることであろう」

「誰よ、妖艶なる美女って」

「あたしに決まってんじゃん」

「なにが嫌って、それだけは嫌だな」

女子二人は、小声で密やかに笑う。久しぶりに、自分たちだけの話題を共有している者特有の親密さで。


頃あいを見計らったように、コウイチが戻って来た。

「うわ、どうしたのそれ。いいねー！ チアキちゃんからもらったの⁉」

「コウイチ、悪いけどその演技、すっごくしらじらしい」

「ええっ、バラしたのかよチアキちゃん⁉」

「しょうがないじゃん。同性に演技するの、苦手なんだもん」

「異性への演技は得意なのかよ」

「超の付く演技派。相手の特技に心から感心してみせる演技とか、デートの別れ際にとっても名残り惜しそうにする演技とか」

「聞いてないよそんなの！　しかも例が妙に生々しいし」

あんたたちときたら。もしかしたら、って夢見てしまうじゃない。もしかしたらすべての望みがウソのように叶ってしまって、コウイチのいう後悔しない世界と、わたしの想いを実現できる世界が、重なりあいやしないかって。

宇宙を紡ぐ

「それじゃキョウコ、元気でやりなよ。コウイチ君とはともかく、あたしとは連絡取るように」

「おいおい」

ミミはさっと立ちあがって、わたしにおおいかぶさるように、固いハグをする。わたしは強く、強く抱きしめ返す。彼女は最高だ。いつだって賢くて、スマートで、ちょっと意地悪で、わたしに足りないものを教えてくれる。

「もちろん連絡する……ありがとう」ありきたりな言葉だけど、ありったけの想いを込める。

「思いきり、やってきといでよ。あなたになら、天上の音楽だって聴こえると思うよ」こんな突拍子もないお別れの言葉がサマになるなんて、ミミくらいのものだろう。

「じゃ、あとはお二人さんで」と、バッグにコート、それに伝票を手にとって、コウイチにウィンクしてカフェを出ていく。颯爽とした背中に、どんな言葉より雄弁な、わたしへのエールが見えるような気がした。


「チアキちゃん、ほんとにいいコだよな」

「そうね」

「彼女とは、連絡取るんだろ？」

「そうね」

「おれとは？」

「……」

「じゃ、おれも彼女に連絡とるよ」

「は⁉」

「だってキョウコちゃんだって連絡取るんだろ？」

「そりゃあ、そうだけど」

「じゃあ、おれも」

「……別にいいけどさ。あんたたち、ともだちなんだし」

「妬いてんの？」

「まさか」

「デートするぞ」

「しなさいよ」

「妬いてんじゃん」

「なんでよ⁉」

「顔に書いてある」

「書いてないよ‼」

「いいなあ、こういうの」

「……え？」

「いや、ジメジメしてなくってさ」

「ちょっと、人の心で遊ばないでよ！」

「遊んでないよ。大真面目」と、彼は本当に真面目な顔になって言葉を継ぐ。「いつだったか、キョウコちゃんにとって宇宙ってなんなのか、聞いたことがあったよな」

「うん」

「今日はさ、キョウコちゃんにとって科学ってなんなのか、聞こうと思ってたんだ。最終講義、してもらおうかなって」

わたしは時計に目をやる。「コウイチ、ごめん。わたしもうそろそろ行かなきゃ」

「なんだよそれ、おれと飛行機、どっちが大事なんだよ⁉」

今朝からずっと、哀しくてやりきれない気分だったわたしは、今日初めて、心のほぐれるような笑顔をこぼしてしまう。

「飛行機に決まってるじゃない。おバカさん」


どうだ、この殺風景でおよそ人の気持ちを解していない搭乗ゲート周辺の様子は。どこでどう別れを告げろというのだ。わたしたち二人は、手を握りあって、同じ飛行機に乗る人たちがゲート周辺に砂時計の砂みたいに集まって、一粒ずつ向こうの世界に吸い込まれて行くのを眺めながら、なんだかウジウジしている。だから反対したんだ、見送りだなんて。辛くなるだけなのに。

時間が迫る。どうしよう。心は波立って、喉はカラカラになり、どんな言葉も出てこない。わたしは伸びあがって、これが最後と、彼にせいいっぱいのキスをする。その感覚が瞬時に、周囲の喧騒を消し、時間を止め、この1年のさまざまな二人の記憶へ、あっという間にわたしを連れ戻していく。

……ん？　どうしたんだろう。なんかヘンだ。ガサゴソって。コウイチ？　わたしはぎゅうっと現実に引き戻されてしまって、首を引いてうっすら目を開ける。この雑踏の中で、なんと彼は服を脱ぎ出している。床に落ちたストール。スプリングコート。ジャケットから慌ただしく腕を引き抜き、シャツに手をかける。

「ちょっとコウイチ？　なにやってんのっ⁉」

「服脱いでんだろ！」

「そうじゃなくって、ここっ！　空港‼」

「関係ないだろ‼」

「あるよ、あるある‼」

口論してる間にもついにTシャツ1枚と化した彼は、いいよいよパンツのジッパーに手をかける、といった恐るべき行為には及ばず、1歩さがっていささか場違いな薄着姿を見せつける。

“Because It Is There.”

その胸には、まるでスーパーマンの「S」の字のように、4つの単語が燦然と輝いていた。瞬時に、あの時に芽生えた感情がありありと蘇る。恵比寿でのデート。曇天の下の会話。「あるから。そこに、宇宙があるから」彼がイタズラっぽく笑う。びっくりしたのと安心したのと、なんだか勢いに負けて思わず感動したのとで、わたしは一瞬立ちすくんだ後、気づけば彼の胸に飛び込んでいる。ドンドンドンドン、と力いっぱい彼の胸板を叩く。

「なんなのよもう、この大バカ者‼」語尾は乱れて、鼻声に崩れてしまう。

「なあ、おれはきみの決心を応援する。でも心の中でってわけじゃないぞ。メールする。手紙も出す。もし拒否されても……覚悟しといてもらうけど、太平洋をまたにかけて、ギネスブックに載るような世界最長距離記録保持者のストーカーになってやる。そこに、きみがいるから」

コウイチめ。最初からそのつもりで。「……あなた、出会った時から、しつっこかったもんね」

「一途な誠実さを、そんな風に誤解されてたなんて」

気がつけば、場内アナウンスがわたしの名前を、鬼気迫る声で連呼している。

「わたし、ほんとに行かなきゃ」

彼はわたしの涙を優しく拭い、素早くキスをする。

「魔法かけといた」

「言わなくていいから。どんな魔法か予想つくし」

「気にいった？」

「どうかしら？」

握りしめた手を不承不承に離し、わたし一人だけが、砂時計の流れに合流する。後ろを振り返りながら進むけれど、行き来する人に視界を遮られ、コウイチは消えてしまう。その声だけが、間断なく聞こえてくる。

「メール送りつけるぞ!!」

「電話もする!!」

「会いに、会いに行くからな!!」

搭乗ゲートが目前に迫っていた。出会った時から今日まで、学び続けて、変わり続けているコウイチ。この次は、どんな素敵な大人の男になっていることだろう?

「南半球の星座を、教えてあげる!!」

「なに? 今なんてった!?」

振り向かずに、ゲートをくぐり抜ける。わたしを待って離陸の遅れている飛行機に向かって、しゃんと胸を張り、早足で歩く。顔の化粧が崩れてとんでもないことになっているだろうけど、かまうものか。

コウイチは「わたしにとって科学とはなにか」と聞いた。わたしが答えそびれた、最後の質問。今のわたしには、まだ確かな答えは見えないけれど、でもそれは、1年前とは明らかに違うものになっている。

科学は、一般に思われているよりも、遥かにダイナミックで創造的な営みだ。そこに携わるすべての人たちの愛や苦悩、切なさや喜び、喜怒哀楽のさまざまな断面から、世界の理解を一歩進めてくれるような、新しい語彙や概念が立ち現れる。すると、見えてはいたけれど理解はしていなかったものに筋が通り、両極にあったものはひとつに統合され、世界は新しい光に照らされて描き直される。

ヒトはヒトになった時から、その想いを抱いてきたんだ。〝世界は、なぜこのようにあるのか〟。それは、祈りとして、感嘆の声として、あるいは絶望の叫びとして、この世への賛美として、あらゆる時代のあらゆる場所で、さまざまな人々の胸に去来した、切なる想いだったのに違いない。

それが科学の母胎となり、科学を育てる滋養となり、やがては科学そのものを自立させて動かして行く力になった。科学は今や、宇宙の始まりに、果てに、終わりに、迫っていこうとしている。宇宙から、元素が生まれ、元素から人が生まれ、人から科学が生まれ、その科学が今、自らを生み出した宇宙の不思議を解き明かそうとしている。

わたしたちに明らかにできることは、ごく限られているかもしれない。けれどもわたしたちは「知りたがる」ように運命づけられている。あどけない子どもがログセのように発する「なぜ?」答えのない「どうして?」は、世界最高の頭脳を持つ科学者の、研究の原動力と変わらない。知ることは、わたしの喜びだ。なにかを知るために、頭を、身体を、五感を使って世界と格闘する時、ヒトはその行為そのものに、喜びを感じるようにつくられている。そうした営みの成果、あるいはプロセスとして科学を理解した時、科学は生気のない知識の集積ではなく、世界への感受性を押し広げ、豊かなものの見方をするための、めくるたびに新しいなにかを教えてくれる一冊の本になる。その一ページを、その一行を書き加えるために、わたしは科学に取り組んでいるんだ。

こうして、科学はできあがっている。こうして、科学は前進していく。わたしたちは未知の可能性に開かれている。わたしは今、自分の人生を丸ごと認め、その可能性を愛することで、科学の本質により近づくことができるだろう、と感じている。理性と感性で、この宇宙に尽きせぬ驚きを感じ続け、その秘密に迫り続けることができるだろう、と。

時差を超えて、地球の反対側へ。なにも捨てていく必要はない。わたしは、わたしであるがまま。そして、新しい自分への変化も貪欲に受け入れながら、わたしがこれまでに勝ち得た可能性を、その真新しくて真っ白な世界の中に、これから存分に描き込んでいくんだ。

講義10 宇宙が存在する原因

人間は、科学というツールを持ってしても、自らのルーツを明かす「究極の始まり」にまでは、いまだたどりついていません。この宇宙に始まりはあるのでしょうか。それとも始まりなどないのでしょうか。時間が一方向にしか流れないのならば、その最初はどうなっているのかという疑問は自然なものです。

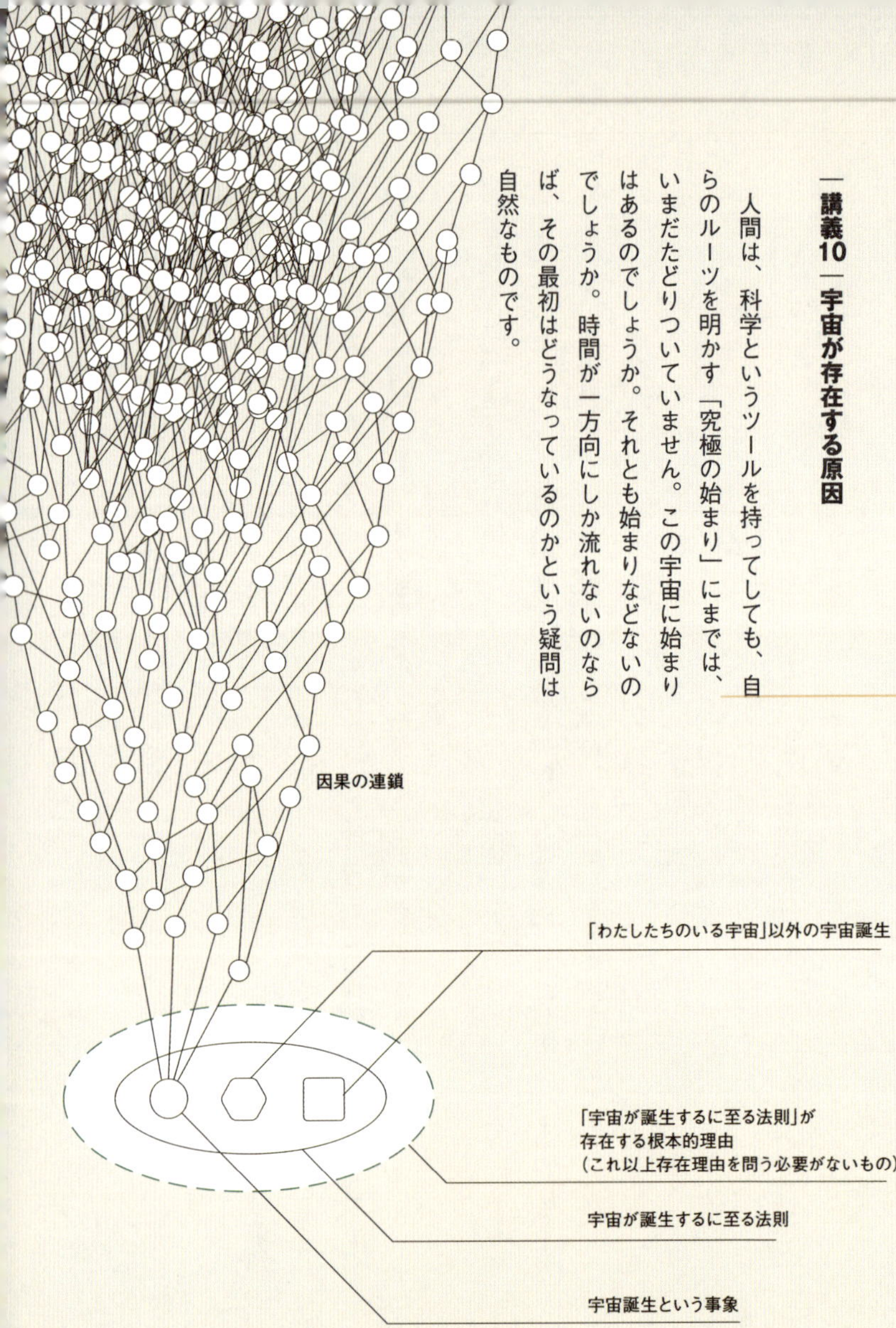

この疑問に対する答えとしては、科学的な仮説として、講義5でご説明したような「虚時間」といった概念が提示されています。また、わたしたちのいる宇宙が、始まりのないような無限の過去から未来に続く宇宙であったというような宇宙モデルも提示されています。

しかしそのいずれにしろ、「なぜ、宇宙は存在するのか」「わたしたちの宇宙を生み出すに至った法則は、なぜあるのか」といった疑問は、いぜん残ったままでしょう。この疑問は非常に根源的なものですが、講義9で語ったように、残念ながら現在の科学の範疇を超えています。

「神話」という渇望、「科学」という要求

科学は「見える世界」を観測することによって、世界の仕組みを解き明そうとします。科学によって世界の仕組みは解き明かすことが可能かもしれませんが、「仕組みそのものがなぜあるのか」、さらには「なぜ宇宙が存在するのか」については、科学によって直接考察することはできません。

一方、わたしたちの「知りたい気持ち」は、科学的考察のプロセスを踏まえることなく、一足飛びに「宇宙が今ここにある原因とはなにか」という疑問に至ってしまいます。もちろん、その答えは得られません。そこで人々は想像力によって「知ることのできない原因」を担う「超越的な存在」を立て、わたしたちに見える世界とのつながりを物語として描こうとしたのです。

こうした試みの結実の一つが、世界の各地に伝えられてきた「神話」とりわけ「創世神話」であるといえるでしょう。さまざまな神話が世界のいたるところで語り継がれています。神話の世界は、人間が経験によって得た知識と想像力を駆使して「見えない原因」と「見える世界」をつなげていく行為によってつむぎだされたものです。一方、科学はわたしたちが見ることができる世界から、

の合理性を踏まえて、見えない世界までをも予測する行為です。

先にも述べたように現行の科学ではこの究極の「なぜ」には到達できないでしょう。しかし「なぜ」に到達するための条件として、まず宇宙の仕組みを知るということが必要条件ではないかとわたしは思っています。この思いが正しいならば、やはり科学は「なぜ」に近づこうとする行為であるともいえるのではないでしょうか。

「知りたい気持ち」が生む豊穣さ

神話には、科学が明らかにしてきたものとは違った宇宙の姿や歴史が描かれています。そこにはそれらを生み出した人々の価値観や生活が色濃く反映され、科学的な合理性から離れたところで、わたしたちがどのように世界を認識してきたのかを知ることができます。神話が描く宇宙には科学では扱えない広大な宇宙が広がっているのです。

神話には、現代の科学において非常に重要視される「合理性」は必要ありません。「知りたい気持ち」が満たされるためには、かならずしも合理的である必要はないからです。科学という概念がなかった時代、あるいは科学と宗教が未分化だった時代には、観測できる世界は極めて狭く、神話の中の宇宙観は、ある種の理にかなったものではあったでしょう。しかし現代の科学的な視点から見ると、それらは荒唐無稽なものに満ちています。

それでもこれらの宇宙は、わたしたちに光を放ち続けます。この光は科学がもたらすものとはまったく異なった輝きです。神話的宇宙には、科学では測ることのできない豊かな価値があるのです。

そしてこのような科学的ではない宇宙は、いまわたしたちが享受し続け、また生み出し続ける、さまざまな文化の源流となっています。わたしたちの身体が宇宙から生まれたのと同様に、わたしたちの文化は、「知りたい気持ち」と、わたしたち

科学的宇宙

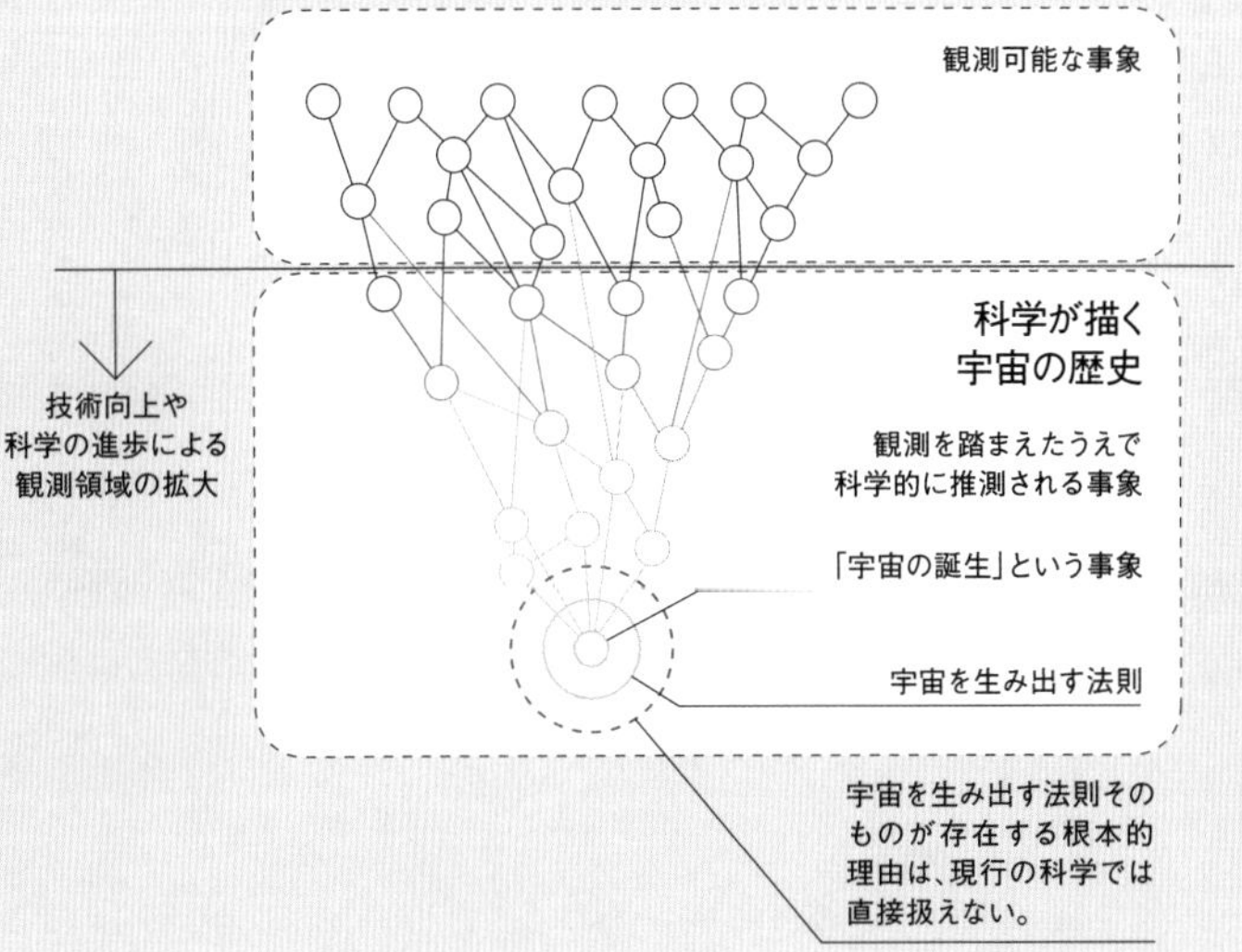
観測可能な事象
科学が描く
宇宙の歴史
観測を踏まえたうえで
科学的に推測される事象
「宇宙の誕生」という事象
宇宙を生み出す法則
技術向上や
科学の進歩による
観測領域の拡大
宇宙を生み出す法則その
ものが存在する根本的
理由は、現行の科学では
直接扱えない。

神話的宇宙

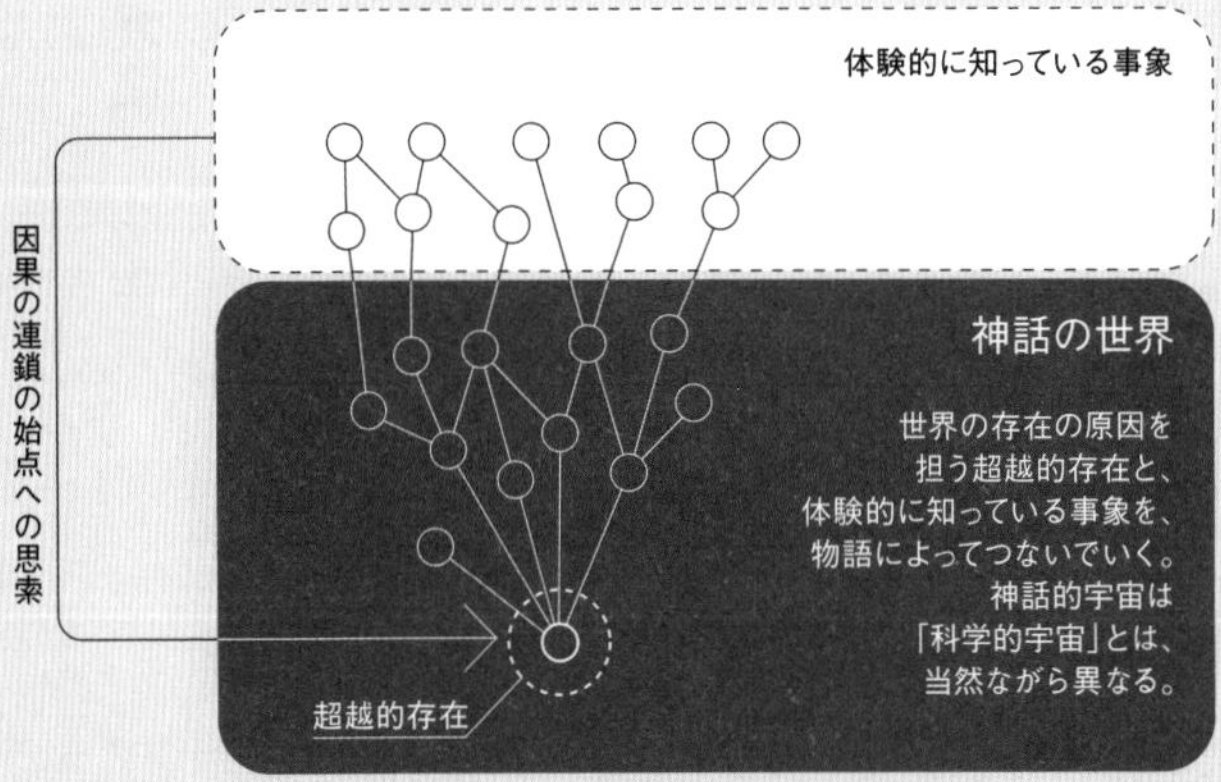
体験的に知っている事象
因果の連鎖の始点への思索
神話の世界
世界の存在の原因を
担う超越的存在と、
体験的に知っている事象を、
物語によってつないでいく。
神話的宇宙は
「科学的宇宙」とは、
当然ながら異なる。
超越的存在

を取り囲む世界全体である宇宙との関係によって生み出されたものである、という言い方もできるのかもしれません。

先ほども述べたように、わたしたちの「知りたい気持ち」は、かならずしも合理的な答えを求めるわけではありません。例えば誰かに恋をした時に心に抱く、相手のことを「知りたい気持ち」。それは、かならずしも相手を合理的に理解することではないでしょう。そもそもわたしたちが抱く恋心そのものが、合理的な思考の結果生まれるものではありません。なぜ恋人のことが好きなのか。それを表そうと言葉を重ねれば重ねるほど、表したい気持から遠ざかってしまうことを経験した人も少なくはないでしょう。

「知りたい」ということが「合理的に理解したい」ということだけではないとすると、たとえ未来永劫、合理的に理解できないことがあるとしても、わたしたちは「知りたい」と思い続けることでしょう。

科学を究めた、その先に

宇宙がなぜ存在するのか。宇宙が生まれるに至った法則はなぜ存在するのか。時間や空間の誕生に先だってあるはずの、「宇宙を生み出す法則」を成り立たせているものはなんなのか。あるいは、それは法則という概念を超越したものなのか。現在、合理的にこの問いに対する答えを得ることはできません。この問いは科学の領域を超えたものであり、また、かつてそれを担っていた神学や哲学も、現在は正面から取り組むことに躊躇しているように、わたしには感じられます。しかし、答えを得られないからといって、この問い自身が放つ魅力が減じることはありません。「答えのない問い」こそが放つ、強靭で深遠な魅力。この点において、わたしは宇宙に恋をしているといえるのかもしれません。

神話にならい、科学が到達し得ない、この問いの答えを「神」と名づけるのであれば、わたしの気持ちの根本は「神」に対する愛といえます。ここでわたしのいう「神」とは、「宇宙が存在する目的」を持つような意志のある存在ではありません。わたし自身、宇宙に目的があると感じたことはありません。また、宇宙がなんらかの意志に基づいて生まれたとも思いません。わたしの愛は、「目的」や「意志」といった言葉が、矮小なものに見えるほどのものです。わたしにとって「神」という言葉は「宇宙が存在するに至る、因果律を超えた根本的理由」を意味する名詞であり、それ以上の意味を持ちません。もしもその答えが、人間に理解不能な、合理性を超越したものであるのだとしても、微塵の挫折も感じることなく近づきたい。そして持ちうる力をすべて発揮し、ありのままを愛したい。この問いの答えに、現行の科学が極限にまで迫ることができた時、人間は初めて、次のステップを歩み出すことが出来るのかもしれません。その時人間は、今まで見えてこなかった宇宙の、さらなる広がりを認識することでしょう。

そのために、わたしは科学を究め、合理を究めたいと考えています。それは同時に、わたしの中の非科学的で不合理な存在の自覚をうながし、研ぎ澄ますことにもなるはずです。

この「究極の問い」の答えに対する愛は、わたしにとってはおそらく一生涯を貫く片思いでしょう。わたしの愛の対象は語り得ないものですが、わたしが宇宙のとりこになる理由はたった一言で表すことができます。その一言とは、宇宙とわたしが「あるから。」です。

あとがき、もしくはなぜ単なる美術家が
宇宙論を通じて科学を語ってしまったのか

因果律のいたずらか、数年前まで宇宙に関してまったくの素人だった二人が宇宙論の本を書くことになりました。きっかけは文部科学省から発行された※「一家に一枚　宇宙図２００７」という、宇宙を紐解くポスターの制作。私は当初、デザイナーとしての参加でしたが、科学の素人として、研究者に教えをこい、ネットや文献で情報を集めているうちに、デザイナーの範疇を超え、内容そのものに関与することになりました。必要なのは「宇宙の膨張」のイメージとしてもっとも適切な表現。制作委員と喧々諤々するうちに、徐々に形が見えてきました。と同時に、既存の文献によくある「見える宇宙の大きさは半径約１３７億光年」といった表現や「観測できる宇宙の限界は、宇宙の膨張によって光速で遠ざかるところまで」といった表現の危うさを感じました（これは本書でも説明に頁をさいています）。このような問題の是正とともに、文章表現の部分においても「適切に伝達する」ということを突き詰めるため、古くからの親友であり、プロフェッショナルとしても全幅の信頼を置いている片桐暁君に参加してもらうことになりました。多くの人々の力が結集し、四苦八苦の末、ポスター版「宇宙図」は完成。しかしその後も、私は勢いあまってさらに宇宙論に関する情報を集めていました。一方片桐君は、ポスター以外でも宇宙図を展開したいと考えていました。

このように成り行きは意外と自然ですが、本書はかなり奇妙です。この奇妙さは小説部と講義部の

大きな落差に起因すると思われます。しかしこの落差こそが本書の醍醐味なのです。「行間を読む」という表現がありますが、この本では是非とも「小説と講義」間を味わっていただきたいのです。読者にはストレスとも思えるような、妙な心の揺さぶりを強いることになりますが、この心のダイナミズムがやがて一つに収斂していくように感じていただけたならば、なぜ宇宙論と恋愛が一つの本としてまとめられなければならなかったのかもご納得いただけるでしょう。それこそ私たちがもっとも伝えたかったことです。「恋を科学する」でもなく「科学に恋をする」のでもない、新読感を楽しんでもらえれば幸いです。

もちろんこのような本を二人だけで実現できるはずはありません。こんな変な本を実現する機会を与えてくれた藤田六郎さん、そして私たちと藤田さんをつなぎ、さらにデザインでまとめてくれた田中正人さん、宇宙図ポスター制作時から素人の私の言葉に耳を傾け、励ましてくれた縣秀彦さんと高田裕行さん、そしてこれまたポスター制作で共働し、今回もつぼを押さえた指摘をくれた高梨直紘君、宇宙論に関して素人の頓珍漢な質問にも快くお答えいただいた市来淨與さん、科学哲学に関して重要かつ適切なアドバイスをくれた大谷卓史さん、そして、佐藤勝彦先生には監修のみならず、恐れ多くもエッセイまでも頂きました。皆さんのご協力によってなんとかここまでこぎつけたと実感しております。本当にありがとうございました。多くの支えによるこの結果が、どこかのだれかにとって、愛おしき原因となることを祈りつつ。

2010年6月　小阪　淳

※「一家に一枚　宇宙図 2007」
http://www.mext.go.jp/a_menu/kagaku/week/uchuu.htm
ウェブ版宇宙図　http://www.nao.ac.jp/study/uchuzu/

あとがき、もしくはなぜ一介のコピーライターが恋愛を通じて宇宙を語ってしまったのか

「ラブストーリーで、最新宇宙論を語ろう!!」。そんな無謀な試みに、著者二人は渾身の力でチャレンジしました。しかも二人は、美術家とコピーライター。宇宙を語る資格などない肩書きです。それがなぜ、こんな本を？ 詳細は小阪さんのあとがきに譲るとして、幸いにして多くの方々のご協力により、私たちはこうして、思いの丈を上梓することができました。基本的には小阪が講義パート、片桐が物語パートを担当しましたが、企画・構成段階から綿密にミーティングを繰り返し、原稿を相互チェックしつつ書き上げた、文字通りの「共著」となっています。そして「素人のプロ」を持って任じる我々は、科学的知識については専門家の方々の知識を仰ぎ、ここに、理系と文系、恋と宇宙を横断する、摩訶不思議な本ができあがりました。

本書の物語パートの成立には、実に多くの方々のお世話になりました。「一家に一枚　宇宙図2007」ポスターの主要執筆陣にして、今回も強力に助太刀してくれた川越至桜さん、平松正顕さん。率直な感想や啓発的な意見で多大なるインスピレーションを与えてくれた岩下由美さん、河野アミさん、今野真理子さん、齋藤綾さん、鈴木あさみさん、清亜希子さん、ばんばりえさん、藤井彩子さん。本当にどうもありがとうございました。また、監修を快諾してくださり、素敵なエッセイを寄せてくださった、宇宙物理学の世界的権威でいらっしゃる佐藤勝彦先生に、この場を借りて厚く御礼

申し上げます。企画立案から携わり、素晴らしい装丁・本文デザインをしてくださった田中正人さん、編集の労をとってくださった藤田六郎さん、大変お世話になりました。そして、アイデアとバイタリティの塊のような共著者の小阪淳さんに、限りない感謝を。

ところで、ある人にとって、世界は二つに分けられるのではないでしょうか。「知っている世界」と「知らない世界」。そしてコピーライターとは、「コミュニケーションをデザインする」ことで、その人にとっての「知らない世界」を「知っている世界」に変える力をもつ、そんな魅力的な仕事です。

例えば、創り手の想いがこもったお菓子の魅力を、それを喜んでもらえる人々に向けて、正しくお知らせすること。まだ名もない新しい製品やサービスを名づけ、社会の中でそれを必要とする人々に向けて伝達する方法を考えること。〝伝えるべきモノやコトの本質を、アイデアや手段を尽くし、人々の心へまっすぐ届けたい〟。私や、私の所属するデザインプロダクション（http://www.adayinmylife.com/）は、そんな想いを核に、言葉の本質的な意味での「デザイン」に取り組んでいます。宇宙の謎に迫り、そこから生まれたヒトの心を描き出そうとしたこの本もまた、その結実のひとつなのです。どうか本書が皆さまに、楽しく切ない恋愛感情の追体験とともに、未知の世界への知的興奮を与えてくれますように。

２０１０年６月　小惑星探査機「はやぶさ」の地球帰還を心待ちにしながら　片桐　暁

監修者
佐藤勝彦 さとう・かつひこ
1945年香川県生まれ。インフレーション理論の提唱などで知られる、宇宙論・宇宙物理学の世界的第一人者。京都大学大学院理学研究科博士課程修了。東京大学大学院理学系研究科教授、日本物理学会会長などを歴任。現在、自然科学研究機構長。日本学士院賞（2010 年）受賞。著書に、『岩波基礎物理学シリーズ 9　相対性理論』（岩波書店）、『眠れなくなる宇宙のはなし』（宝島社）、『宇宙 137 億年の歴史』（角川選書）など多数。

著者
小阪淳 こさか・じゅん
美術家。大阪大学工学部建築学科卒業。東京芸術大学大学院修了。「一家に一枚 宇宙図」制作委員。

片桐暁 かたぎり・あきら
東京造形大学卒業。東京芸術大学大学院修了。お菓子から宇宙まで、森羅万象を言祝ぐコピーライター。

宇宙《うちゅう》に恋《こい》する10のレッスン
最新宇宙論物語

監修者
佐藤勝彦《さとうかつひこ》

著者
小阪淳《こさかじゅん》
片桐暁《かたぎりあきら》

2010年7月12日　第1刷発行

発行者
川畑慈範

発行所
東京書籍株式会社
東京都北区堀船2-17-1 〒114-8524
03-5390-7531（営業）
03-5390-7500（編集）

印刷所
株式会社リーブルテック
ISBN978-4-487-80433-7 C0044

出版情報
http://www.tokyo-shoseki.co.jp
乱丁・落丁の場合はお取り替えいたします。

図版作成・デザイン｜小阪淳
装丁・デザイン｜MORNING GARDEN INC.
イラスト｜宮崎絵美子